生質能源利用科學

Science and Technology of Biomass

原著◎ 兎束保之
編輯協助◎ 中澤勇二
編譯◎ 李錦楓、林志芳、李華楓
編譯監修◎ 鄭水淋

林 序

　　過去半個世紀，人類毫無節制地大量使用石化燃料，造成地球暖化並導致氣候異常，不但危害地球環境與生態，也帶來了或大或小的災難。近年來，部分有志之士開始投入時間與經費，研究並嘗試開發各種可再生的乾淨替代能源，試圖讓人類對石化能源的依賴減到最低，以期減緩地球環境與氣候的持續惡化。

　　目前較有進展且較為成熟的可再生能源包括風能、太陽能與生質能等，前二者屬於工業技術成果，產出以電能為主，具有可穩定量產的優點，但需要較大的資本與設備投入，且最終仍有廢棄物需要處理是其缺點。至於生質能源，是一種液態燃油，除了需要廣大栽植面積外也需要大量人力，並可能危及糧食供應是其缺點，但它能吸收二氧化碳以減緩地球暖化、並可以增進水土保持功能，而其後續幾乎沒有污染是其優點，值得我們大力投入，做為未來主要的替代能源。

　　台灣地小人稠，能源作物栽植面積有限，因此，生質能源發展仍處於起步階段，比起巴西、美國與歐洲尚差一段距離。多年來，中華生質能源學會不停地鼓吹，我國應在不危及糧食供應的前提下，以成熟的農業生物技術，配合休耕地與廢耕地發展優勢的生質能源技術，做為拓展境外生質能源產業的基礎。據聞，中油公司與味丹等企業已在海外建立灘頭堡，台糖公司、台灣菸酒公司也有意加入生質酒精生產行列，或可帶動更多企業投入，

使生質能源產業在不久的將來，成為我國最具有前景的新產業之一。

　　本人忝為中華生質能源學會理事長，除了極力引導我國廠商投入生質能源產業外，也多次呼籲政府支持該產業，雖然效果仍屬有限，但已跨出了一小步。適逢此時，本會對生質能源產業研究頗有心得、國立台灣大學食品科技研究所兼任教授李錦楓博士，欲將其多年蒐集而來的資料，與日本山梨大學、中國南陽理工學院的名譽教授兔束保之博士的大作《生質能源利用科學》編譯為本書，與有志之士分享，是為一大福音。本人相當肯定李教授等的用心，也對他的付出表示感謝，願在此鄭重推薦本書，祈望讀者閱讀後，對地球的關懷及生質能源的發展，懷抱更高的使命。

中華生質能源學會第13屆理事長

林憲秋　博士　謹識

2009年12月 28日

原著者序

　　Bio的意思是生命、生物，而與其他做複合辭使用。例如以生物為對象的科學就是生物科學（Bioscience）。加工生物生產物，或生物表現各種機能，做為加工技能所利用的工學稱為生物技術（Biotechnolegy）。在日本，將生物系全體的科學或工學，都總括簡稱為Bio。

　　自從一九八〇年代，將被稱為生命設計圖的基因，以有計畫地給予改變的技術做為中心，生物學上的技術迅速發展。這結果，可將基因的一部分給予改變，以人工方式做出自然界的生物所不具有的嶄新機能的新型生物。

　　做為原料的資源，其產量要豐富到能支持人類的日常生活，才會被考慮到加工技術。對加工對象的資源要具有有關的正確技術，其加工過程才不會有浪費。將生物做為資源利用，處理生質能源時，需要求加工技術的合理性，才會逐漸進步。

　　對生質能源施以加工利用時，不可缺少對全部資源共通的科學的基礎認識。首先要確認身邊的生質能源的利用、需求狀況與以全球性規模來考慮時的生質能源供應量。其次對生質能源所具有的特性要有深入的瞭解，然後才考慮將其永續利用的技術部分。

　　在二〇〇七年，世界的人口已超過六十七億，光是每天所消費的糧食，就是一筆龐大的數量。其消費的糧食，除了食鹽與

少量的食品添加物，其餘都是人類以外的生物。這些生物，以短暫的利益損失為中心做為加工對象時，就直接連結到世界的糧食不足、生態系破壞，以及環境污染。

植物只要有二氧化碳（CO_2）、含有適當的各種鹽類濃度的水，還有太陽光，就可進行光合成。更甚者，以光合成產物為出發點生成做為所需的所有物質群，並可留住下一世代，以永續其生命。然而動物只能靠直接食用光合成生產物的植物，或吃食用植物的動物才能活下去。人類為動物的一種，也靠植物以及吃植物維生的動物做為主要糧食存活下去。

生物由繁多種類的分子（具有固有物質特性的最小單位）所構成。假設以人類的手可合成這些眾多種類的分子，而將其納入一個袋子中，也不能將其變成為生物。構成生物的多種類的分子要按照一定的秩序作用，才能觀察到生命的現象。很遺憾的是將構成生物的多種類分子給予有秩序的結合的技術尚未成熟。因此，生質能源利用科學的根本，要在加工、消費之前，首先要求對生命現象，能夠正確地加以瞭解，並存有謙虛的探究心。

在本書中，擬將日常生活中忽略的幾個科學原理，交叉著對於利用生質能源的技術，加以深入淺出地解說。為了遵守這種解說方式，在文中儘量不使用化學符號（有時會覺得難懂）。但是為了讓讀者對文中的內容有明確的瞭解，還是會在圖表中出現幾個化學符號，還請見諒。

雖然會出現化學符號，但請不必害怕。就像在日常生活中，將電視寫成TV，符號是內容簡潔化表示的手段，請以輕鬆的心態閱讀即可。考慮對於初次看到化學記號者的立場，在本書中使用對此瞭解所需事例或比喻來加以解說。要說明物質的世界

時，也採用擬人的方法加以記述。

　　讀者也可以將難於理解的部分跳過去先繼續閱讀，只將自己有興趣的部分加以閱讀，如此相信可對於利用生質能源的科學知識慢慢加深。

日本山梨大學名譽教授

中國河南南陽理工學院名譽教授

兎束保之

二〇〇七年十二月二十日

編譯者序

由於產石油國的惜售，再加上全球的石油蘊藏量有限，預測只剩下四十年的用量，因此以石油為首的能源及以其為原料的化工原料亦跟著調漲，影響所及，所有糧食及日用品均在一片漲價聲中調高了售價，引起了消費者的恐慌與無奈。據有關單位的報告顯示，這七年來國際原油價格已調漲了623.6%之多。

另一方面，世界人口在已開發國家，其增加已趨於緩和，然而開發中國家的人口卻持續在增加中。人口的增加以及生活程度的提高帶來了糧食的供應不足，為了彌補這個問題，只有糧食增產一途。隨著森林的砍伐、荒地的開墾、地球上的植物與人類爭地的情形破壞了過去的平衡，以及石化燃料的使用遞增，其所排出的二氧化碳也一直增加，遂促使地球溫室化產生了異常氣候，引起了暴風雨、水災、乾旱等天然災害。

面臨這困境我們要如何自處呢？編譯者收到了日本放送大學（空中大學）山梨學習中心所長——兔束保之（Uzuka Yasuyuki）博士原著以及日本共立女子大學大學院教授中澤勇二（Nakazawa Yuzi）博士共同編成的《Bio資源利用科學》一書，經詳讀後，遂引起將此大作編譯以饗台灣讀者的念頭。經原著者及編成者的同意，執筆編譯本書。

該書為了讓非理工科背景的讀者也能獲得生質能源的知識，深入淺出地以比喻、簡單的字句將難懂的科學及技術內容加

以講解。因此是一本人人都可藉著閱讀而獲得知識的好書。因為編譯者的專長是食品科技，所以花了不少時間尋找有關資料，並請教這方面的專家，儘量將其難解的部分簡化而編譯。如果讀者對某些部分無法瞭解，請查閱有關專業書籍，或把該部分跳過去也無妨。讀者如能將大眾所關心的生質能源問題窺見其一斑，編譯者即心滿意足了。

　　本書前面都是將原著者所著內容加以翻譯，但後面幾章如「幾丁質，幾丁聚醣」是編譯者曾經加以研究的題目，所以特別加述及此。

　　因為原著所討論的都是在日本所發生的問題以及其研究情況，為了讓讀者也能瞭解台灣以及其他國家的情況，所以在後面特別補述這些問題。台灣在生質能源方面的議題也已在多年前就受到大家的關注，並已有產官學合作研發。因為資料有限，僅就所查到的部分加以整理介紹，尤其是由剛當過原子能委員會核能研究所顧問的湯俊彥博士，提供寶貴的資料，在此謹表十二萬分之謝意。因本書涉及的範圍甚廣，大都超出編譯者的專攻範圍，且編譯者菲才學薄，難免有誤謬之處，尚請讀者不吝指教。最後，由衷感謝中華生質能源學會理事長林憲秋博士惠與序文，鼓勵本書出版。

李錦楓、林志芳、李華楓

2009年1月

目 錄

生質能源利用科學
Science and Technology of Biomass

第1章　如何處理二十一世紀的環境、資源、能量等問題

前　言

　　邁入二十一世紀已經好幾年了。據統計在二十世紀末，世界人口已超過六十億，到了二十一世紀的過半時，就會達到八十五億。如果這樣龐大的人類要求要過著比現在更好的生活，究竟這地球會變成怎麼樣呢？地球不會因為人口的增加而變大，以石油為主的有限地方資源，在不久的將來將被消耗殆盡。人類想要突破這個困境，首先被想到的是生質能源利用科學。為什麼呢？就從回答這個疑問，來展開話題吧。

1-1　地球在物質上為閉鎖系統，但在能量上為開放系

　　從宇宙附加以地球的物質量（例如隕石）與地球的質量的大小加以比較時，可以考慮其量實在可以說是微不足道。這狀態表示為地球在物質上為閉鎖型。

　　然而從太陽對地球，每天給予龐大的輻射熱能（energy）。這輻射熱能在地球表面附近轉換為熱能（紅外線），再向宇宙空間放射回去。這種明顯的有進有出的現象，在熱能上稱為開放系。

1-2　分散的資源要將其凝聚即需要能量（energy）

　　很多地球上的資源，分散在各地偏僻處。這資源如人類開始利用，就逐漸地被分散。例如將礦山開採含鐵礦石，在幾處煉

鋼廠精煉爲鋼鐵後，再經由各種各樣塑造廠加工製成各種工具，之後提供給眾多人們消費利用。如此一旦要將被分散的鋼鐵製品，回收做爲鋼鐵原料再加以利用，就要花費手續（即勞力，也是能源的消費），亦即需要相對的費用了。

1-3　凝集者要給予秩序，也要能量

聚集已分散者是違反自然變化的行爲，要執行就需要能源。相反地，已聚集的物資要分散就是自然變化，並不需耗費能源。這就是物理學其中一個領域熱力學的法則。

對此法則的內容，擬稍微做更詳細的說明。將「薄且廣的分散物質，再給予凝集在一起就要龐大的能源。將凝集的物質，再給予一定的秩序，則需要再追加能源」，就是對有關於聚集與分散、有秩序與無秩序的法則。

把這些內容置換爲日常生活的活動，就打個比喻來說明吧。首先比喻在家中有亂放的好幾本書籍，欲將其收集整理爲易取用的狀態，就要將這些散放的書籍，集中放在一個書架上，則必須先有收集、搬運的能源。將這些書籍在書架整理放置的階段，還要考慮如何分類（腦筋勞動）並給予秩序（有序的排列）才方便取用的手腳勞動能源。

1-4　對於確保資源想法的變化

人類過去所採取的行爲是在一處先獲得資源，將其使用殆盡後，再尋找另一處資源來使用，所謂用後就丟掉爲基本原則。

至二十世紀爲止，勉強可以湊合這種用後即丟的方式，但到了二十一世紀，這種方法就行不通了。因爲到了二十一世紀，卻要求將已分散在各地的資源，使用可無限供給的太陽能來收集回收，再加以利用的社會系統。

1-5　使用太陽能凝聚秩序化的模式（model）就是光合成

使用無限供給太陽能將分散者凝聚，秩序化的模型，可在周邊生長的植物看到。大氣中的二氧化碳（CO_2）僅有0.0379%（二〇〇五年），人類如想將空氣中的CO_2收集、濃縮，則首先要動用龐大的空氣量。要動用空氣，則要驅使風，可以用扇子搧，若以電風扇的送風形式，就需要能源。植物在從綠葉裡（下）面吸入含有CO_2的空氣，在表面附近進行稱爲光合成的化學合成反應。

化學反應是指從一種物質變成另一種物質的化學構造上的變化，即原子間結合的方法，排列方式變化的現象。關於原子的簡單說明，將在本節稍後加以說明。

在序文中，二氧化碳以CO_2的化學記號顯示，也許讀者會嚇一跳。碳的英文爲carbon，所以取其字首的C來表示碳。同樣地，氧的英文爲Oxygen，所以用O表示氧（**表1-1**）。

原子是構成物質的最基本的粒子，由其中心的原子核與繞在周圍的幾個電子所構成。大略地表示即原子核是由陽子與中性子所構成，具有正電（＋）的陽子數量與帶有負電（－）的電子，其數量相等。

電子以高速環繞在原子核的周邊，這電子存在處與原子核

的距離有多遠的或然率，在平面上以點的疏密度來表示，就如圖
1-1的成層的雲狀。這就稱爲電子雲。電子雲較濃密的部分，就
稱爲殼。各電子都要儘可能地確保其存在於接近原子核的殼內運
動。然而各殼所能容納的電子的最大數量已被限定了。

表1-1　構成生物的主要元素與其符號

中文名	英文名	符號
碳	Carbon	C
氫	Hydrogen	H
氧	Oxygen	O
氮	Nitrogen	N
磷	Phosphorus	P
硫	Sulfur	S
鉀	Potassium	P
鈣	Calcium	Ca
鎂	Magnesium	Mg
鐵	Iron	Fe
鈉	Sodium	Na
氯	Chlorine	Cl

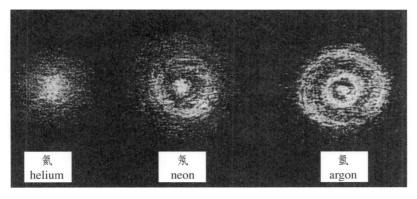

氦
helium

氖
neon

氬
argon

圖1-1　氦原子、氖原子、氬原子的電子雲

只能居住於最外側殼內的電子，如其殼尚有餘地收容其他電子，則變成不安定的原子而呈不穩定狀態。將本來是屬於別的原子的電子拉進來，殼的電子要遵守其最大收容數的原則。最外殼的電子收容數達到最大值，原子就呈安定狀態。殼的最大收容數與其原子實際上持有的電子數的關係就是為此種關係。

　　原子與原子的結合，就是依照上述特性為基礎，在最外側的殼想盡辦法引進外來電子使其裝滿。讓大家認識原子俱有如此特性之後，再來說明二氧化碳的形成過程。這過程是在日常生活中所看到的木炭著火，利用空氣中的氧氣燃燒的現象，來說明原子間之相互作用的過程。

　　氧原子在最外殼有六個電子，但其外殼尚有容納兩個電子的空間。碳原子的最外殼有四個電子，但尚有收容四個電子的空間。到此則為前提事項。

　　對一個碳原子，有兩個氧原子從反方向接近。接近碳原子的兩個氧原子各與碳原子互相各提出兩個電子，則將這些電子在緊接的原子間變成共有的狀態擁有。由於不同原子之間共有的電子，氧原子與碳原子，其最外殼都呈電子滿杯的狀態。在這樣的狀態下，原子都會滿足而安定下來。在安定狀態後，原子們就不那麼容易分離了。

　　如此變成原子與原子間擁有共有的電子的狀態，原子相互結合就稱為共有結合（在4-1再加以說明）。一個碳原子與兩個氧原子結合時會釋出很大的熱量。釋出熱量後的二氧化碳會變成穩定的狀態。換句話說，當形成二氧化碳的狀態時，變化就告一段落。

　　在安定狀態存在的二氧化碳具有其構成元素的碳與氧完全

不同的固有特性。將具有特性的物質分階段地細分下去，直到再細分下去就失去其固有的特性的最小單位，則稱爲分子。

　　木炭點火就與空氣中的氧氣反應生成多數的二氧化碳分子。做爲二氧化碳分子的表示方法，將構成的原子種類與數量比，簡潔整合寫成CO_2。又，水是氫〔Hydrogen（H）〕與氧以2：1比例以共有結合成爲穩定狀態，所以用H_2O來表示。

　　分子各由其構成的各種原子以特定的整數比聚集，以一定的配列順序結合而成。

　　綠葉爲生物的一部分。在生物之中進行的化學反應，因其有「做爲生命活動所進行的化學反應」的意義，稱爲生化學反應。在綠葉所進行的光合成是由CO_2與水（H_2O）做成葡萄糖（glucose）分子的生化學反應（**圖1-2**）。又，葡萄糖分子以化學記號寫成$C_6H_{12}O_6$。爲什麼這樣寫較爲適當在後面（4-2）將加以說明。

　　光合成的材料CO_2與H_2O都是很穩定的分子。因此要首先對穩定的分子注入充足的熱量（energy），使其成爲組成葡萄糖所能夠使用狀態。太陽的光能源（energy）就被用爲其注入的能源。

CO_2	H_2O	吸收熱能（energy）		O_2	
CO_2	H_2O	$\Downarrow \Downarrow$			O_2
CO_2	H_2O	$\Rightarrow\Rightarrow\Rightarrow\Rightarrow\Rightarrow\Rightarrow$	$C_6H_{12}O_6$	O_2	
H_2O	CO_2	$\Leftarrow\!\!\!-\!\!\!-\!\!\!-\!\!\!-\!\!\!-$	葡萄糖（glucose）	O_2	
CO_2	H_2O	$\Downarrow \Downarrow$		O_2	
H_2O	CO_2	放出熱能（energy）		O_2	
		（686 kcal）			

圖1-2　以光合成生成葡萄糖需要熱量（energy）

1-6 以光合成生成有秩序分子的葡萄糖及澱粉

　　以光合成生成一分子葡萄糖，需要將空氣中分開存在的六個CO_2連結在一起。然而所生成分子中的碳原子，會互相連結存在於狹小的空間內（**圖1-3**）。加上結合在這些碳原子的氧（O）與氫（H），其位置或角度都成爲井然有序的化學構造。因此要生成葡萄糖分子就要大量的太陽能，其能源即被關在稱爲分子構造的秩序的配列分子內。在植物細胞中，以這分子構造中儲藏有能源的葡萄糖分子爲起點，經過好幾個階段的生體內化學反應（生化學反應），做出構成植物的幾百種完整的成分分子。

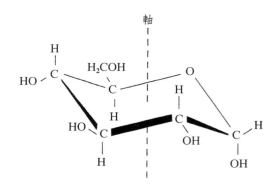

α-D-glucopyranose（葡萄哌喃糖）

圖1-3　葡萄糖分子的構成

1-7 化學工廠的合成反應與生物做成的生體內化學反應有何差異？

　　人類以研究或生產爲目的所做的實驗室或合成化學工廠所做的化學反應，與生物所做的生化學反應之間，有幾個不同的地方。實驗室或工廠所做化學反應，要一次得到相當量的生產物，即反應速度要高才有價值。爲了提高反應速度爲目的，可以將反應物質的濃度、溫度、壓力、pH值（表示酸或鹼的強度指標），給予很大的變化。另一方面，在生物的細胞內所進行的生化學反應中，其反應條件會被限制在細胞可生成的範圍。反應物質的濃度也被限制於健全細胞內的濃度。要克服這些不利的條件，進行生化學反應。

　　生化學反應要克服各種不利條件並能夠進行的原因在那裏呢？生物都有提高特定生化學反應速度的功能造成優秀的觸媒（本節後述）。舉出幾個優異的特性來說明。首先不產生非想要的反應，即不產生副反應者。因此對生物來說，只生產必要的物質。其次在一個細胞內，可同時進行做幾種必要物質的複數反應。再者可自動控制反應速度以不產生各種過剩物資等。其有如此優異的特性的觸媒，都在細胞內做出來。

　　觸媒指的是改變化學反應進行速度（一般都指的是提高速度的機能者爲多）的物質。然而其本身的特性是並不隨著反應的進行而變化。

　　舉一例加以說明。方糖以打火機來燃燒，結果只會融化而不會燃燒起來。然而在方糖上塗上香菸的煙灰，再讓火焰靠近，則發出淡藍色火焰而燃燒起來。方糖燃燒時香菸的菸灰並無變

化。菸灰只是促進方糖燃燒（釋出大量的熱能、光能與氧氣結合的現象）的化學變化的觸媒。

　　生物所做出的觸媒，即生體觸媒，已知曉的已有幾千種。這些又被總稱爲「酵素」或「酶」（enzyme）。酵素（或酶）對生物來說是最重要的物質，換句話說，有生命的地方就必有其存在，是以蛋白質爲中心所形成。

1-8　生質能源與人類的關係

　　人類將生質能源利用爲生存的手段，其歷史極爲悠久。人類要生存，繁衍後代子孫絕對不可缺少的是每天的糧食。這所有的糧食都是人類以外的生物。尤其是植物是比較可以穩定地獲得供給的重要糧食資源。在人類的歷史上，植物資源在最初期就多樣地被利用，但在文明的發展中，由於焚燒草原，或砍伐叢林農地化、牧場化等而植物常成爲被壓迫的對象。

　　隨著使用金屬或媒炭、石油等的普遍化，可處理龐大能源的技術後，曾爲植物資源的最重要供給源的森林，就逐漸被迫落入衰退的深淵了。

　　隨著植物資源的最大供應源的森林衰退後，依賴森林生態系生活的動物群的活動範圍被迫縮小，最惡劣時甚至被趕走甚至絕滅。地表曝露後，表土就容易被浸蝕，流入河川或海洋的水就混濁，植物性浮游生物（plankton）或藻類就不能進行光合成（參照8-5）。理所當然，依賴其爲食物的動物性浮游生物或魚類等水生動物的數量亦驟減。

1-9 地球暖化與空氣中的CO_2濃度

煤、石油或天然氣被認為是古代生物的遺體，在地層中受熱或擠壓，其化學構造變化而成。因為是古代的生物變化所成的燃料物質，所以被總稱為化石燃料。化石燃料的資源量龐大，比木頭容易儲藏或搬運。

如看其化學構造，其碳原子的聚集狀態（碳密度）較高，所以容易做為化學工業的原材料利用。不但如此，使其燃燒（與氧化學結合），其熱量（energy）發生量甚巨。尤其是石油可以用輸送管輸送，所以到了二十世紀就被大量消費。

隨著大量的化石燃料的使用，向大氣中釋出CO_2的量，也遠遠超出植物葉子的光合成或微生物所能吸收的量。

CO_2有反射自地面向宇宙空間釋放的熱能，使其再射回地表的作用（溫室效果）。雖然僅少量（年間1.5～30ppm；1ppm是表示100萬分之1），覆蓋地表的空氣中的CO_2的濃度則持續在上升中。這結果是近於地表的溫度緩慢上升使地球暖化，這已由客觀的測驗數據加以證實（**圖1-4**）。

重大的天然災害頻傳，而被認為根本的原因是地球暖化。動植物的生態也發生過去前所未有的現象。熱帶性的昆蟲可觀察、捕獲的範圍，漸漸移到高緯度地帶。另一方面，在水果產地，到了收穫期其色澤不良，且果肉也軟化了。

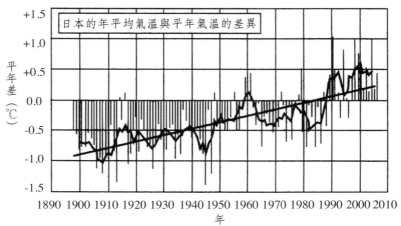

日本的年平均氣溫的變化。棒形圖表示該年與平年（一九七一至二○○○年平均）的差異。曲線加入前後二年的五年平均值與平年值的差異變化，直線表示長期的趨勢。資料取自二○○六年的氣象廳的氣候變動監視書報告。

圖1-4　由日本的氣溫變化可觀察到地球溫暖化

1-10　現在為什麼生質能源被關注？

　　在地球的歷史上，曾經有空氣中的CO_2濃度比現在還高的時代，當時的氣溫比現在高出很多。在過去幾億年中，由於微生物或植物的光合成而使空氣中的CO_2逐漸被吸收濃縮、蓄積在這些生物的遺體變化成煤炭、石油的化石燃料而儲藏。經過如此過程而形成了現在的地球環境。

　　現在進行中的地球暖化，要使其停止則要減少使空氣中的CO_2上升的煤炭、石油的消耗量，抑制其產生量在植物所做光合成的吸收量的範圍內。既是工業原料同時也是化石原料的使用量非減少不可。

做為替代熱量源，像核能發電與風力、太陽光發電等利用比例的提高，都在進行中。做為化學工業的代替原料，光合成可以再生產的生質能源，其轉換方向已被模索中了。將人類智慧集結，以太陽能與植物的光合成能力做為仲介的資源循環型的文明，如不趁早完成，地球生態系的存續就會有危機。以這樣的理由，生質能源與其利用科學，受到全世界的關注。

在一九六八年代，由世界超一流的學者們所組成的羅馬俱樂部，以電腦首次預測金屬或煤炭、石油為有限的資源，並意識到這問題的嚴重性。其預測以真實的形態出現並迫使大家反省現代文明的現況與深刻的危機感，這是發生於一九七三年的第一次石油危機（oil shock）。當我們考慮到在地球上可得到的全部資源是否有限時，由於使用方法而被認為無限的唯一資源就是生質能源。只有生質能源，如能正確地使用，就可期待能生生不息。

1-11　生物會自發性留下子孫的生質能源，每年可有新收穫

包括動物、植物、微生物的所有生物，做為自然的營生方法，收集散在外界的物質，讓自己生長並自發性地欲留下子孫。因此只要不讓有活力的雙親（或種子）減少數量，其剩餘部分就可做為人類生活可消費的資源。每一種生物都是具有各種各樣的生物機能的分子的有秩序集合體。從這生物中依順序取出適合於利用的部分，就可展開好幾種用途。

1-12　生質能源利用科學的持續發展

　　將生物認為是可能利用的資源時，生物（bio-）的現存量（-mass）就稱為生質能源（或生物資源）（biomass）。然而對人類來說，除了糧食用途以外，能做為各種各樣的化學原材料，熱量（energy）資源利用可大量收穫的生物，只限定於以光合成為中心成長增殖的植物了。因此「生質能源利用科學」，就以biomass認定的植物資源的構成與特性，而以能合理的利用的方法為中心來討論了。在其討論中，要考慮經常求得更好的生活（持續的發展）的決心與將其支持的技術，又從這技術所得到的利益有關的人類欲望，對環境有何影響了。

1-13　引導科學合理性來利用生質能源

　　將人類能加以利用的植物或動物等生物資源繁殖、收穫，加工利用的技術很類似自給自足型的農林水產事業。然而「生質能源利用科學」所處理的內容，應不止於傳承技術的範圍。涉及增殖到利用的全部過程，積極引進科學的合理性，無論是做為物質資源或熱量資源，將生物體無浪費地加工，利用的技術為其目標。這生質能源利用技術就是到了二十一世紀，在糧食問題上就更顯得重要了，資源問題、熱能（energy）問題、環保問題的綜合性解決手段的重要性更被重視。

第2章 日本的生質能源供需狀況

前　言

　　在本書中，擬對年年可能再生產的生質能源，要高度利用所需要的科學的思考，給予深入的瞭解。

　　在江戶時代（一六〇三年至一八六八年）的日本，除了與滿清和荷蘭的少數通商關係外，原則上採取禁止與外國貿易的鎖國政策。因此國民的生活，全部依賴日本國內所生產的生物資源。

　　然而江戶時代結束，進入明治時代後，開國（能跟外國進行物資與人員來往狀態）了。從當時到現在的不到一百五十年間，日本的人口膨脹大約四倍，深深進入用完就丟的潛在意識的近代工業社會中。其代價是成爲生質能源的大半要靠進口的社會結構。

　　時代發展至二十一世紀，便要再構築以生質能源爲首，所有資源都要再循環利用的社會。站在這出發點，現在的日本需要瞭解生質能源的供需狀況如何。

　　在江戶時代，因爲鎖國政策的關係，實質上並沒有糧食的進口。在這個時期，統治階級的武士從其領土所徵收的米糧（以石算）來經營其領土。將米賣掉的貨幣使用於購買米以外的商品，則物流以貨幣經濟爲中心。

　　在此所稱「石」爲計量米穀的單位，一石等於約一百八十公升。一石的米爲當時的成人一年所需糧食。

　　武士階級的頭目（大名）爲了不減少其領地（領土）可生產的米糧，採取繳納年貢米（相當於繳稅）的農民不致於遷（移

居）至外地的政策。爲提高米收穫量，引用水源至稻田的新稻田
開發。隨著米的增產，人口也會增加，在江戶時代的末期，人口
被推測已增至約三千萬（圖2-1）。這數字表示，依當時日本國
內，每年可能再生產的生質能源所有供應生活的人口上限了。

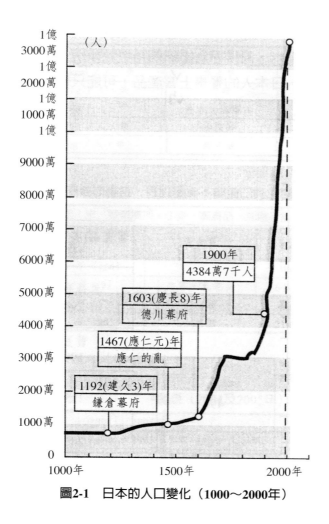

圖2-1　日本的人口變化（1000～2000年）

明治時代後，各式各樣的近代技術被引進與開發。將這些全部動員，對於國土中平原的部分只有7%的日本來說，由其所能生產的生質能源可供養的人口，可能只有約四千萬人。現在的日本總人口有約一億兩千萬人。因此，由其國內所可生產的生質能源只能供給總人口的三分之一的糧食（**圖2-2**），再加上由沿岸捕獲的魚類。然而現在主要食物是畜產品（牛奶、肉類、蛋），占了很大的比例。這些畜產品都是以進口的玉米、高粱等為主的飼料用穀類所生產的。如果停止飼料用穀類的進口，日本人的餐桌上的畜產品，可能只剩下十分之一了（**表2-1**）。

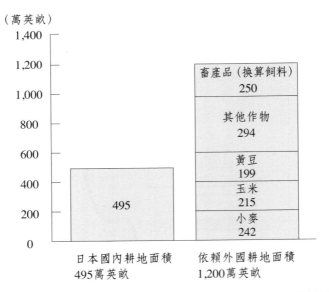

圖2-2　在日本消費的糧食的國內耕地與依賴外國耕地的情況

資料：日本農林水產省「食料需給表」、「耕地及種植面積統計」，
　　　大藏省「貿易統計」，美國農業都 "Agricultural Statistics"，
　　　FAO "Production Yearbook"。

為了參考特將台灣的二○○四及二○○五年的糧食平衡表列出，以供與日本的糧食供應情況做比較（**表2-2**）。

表2-1　模擬（simulation）不能進口時，日本的糧食供應情況

維持現在的飲食生活（1996年度）			
熱量	2.651kcal／人・天	蛋白質	90g／人・天
米	67.3kg／人・年	肉類	30.8kg／人・年
小麥	33.0kg／人・年	牛乳・乳製品	93.3kg／人・年
薯類	20.8kg／人・年	油脂類	14.8kg／人・年
黃豆	6.7kg／人・年	魚貝類	37.9kg／人・年

現在的日本農地被維持，假設糧食不能進口時的糧食內容

供應熱量水準大幅度降低，米、薯類增加，小麥、畜產品、油脂、魚貝類等大幅度減少			
熱量	1.760kcal／人・天（1996）（大約）	蛋白質	52g／人・天（58）
米	90kg／人・年（134）	肉類	3kg／人・年（10）
小麥	3kg／人・年（9）	牛乳・乳製品	64kg／人・年（69）
薯類	78kg／人・年（375）	油脂類	4kg／人・年（27）
黃豆	6kg／人・年（90）	魚貝類	21kg／人・年（55）

資料：日本農林水產省

註：（ ）內表示以1996年度為100時的指數

表2-2　台灣糧食平衡表（2004及2005年）

年度	2004	2005		2004	2005
熱量（kcal／人・天）	2,838	2,905	肉類（kg／人・年）	78.8	77.1
蛋白質（g／人・天）	92	92	乳品類（kg／人・年）	21.5	20.2
米（kg／人・年）	48.6	48.6	油脂類（kg／人・年）	24.0	26.3
小麥（kg／人・年）	37.9	38.0	水產類（kg／人・年）	31.0	29.9
薯類（kg／人・年）	21.4	22.0			

資料：食品工業計資料彙編（2006年版）

生質能源利用科學
Science and Technology of Biomass

2-1 木材的供需狀況

2-1-1 領土的**67%**為森林，但木材的自給率只有**18%**

日本的領土約67%為森林。雖然如此，其木材自給率卻只有18%。據調查結果，全世界的木材供需狀況若以金額來說，日本是僅次於美國、中國的第三高的進口國。美國與中國，其經濟生長率高，為世界經濟的領導者，所以可以理解其木材需要量之高（**圖2-3**）。

日本自一九九○年代年初開始，連續受了不景氣的影響，現在景氣稍微恢復了。在這期間，對其國產木材的需求稍微增加（自18%至19%）（**圖2-4**）。

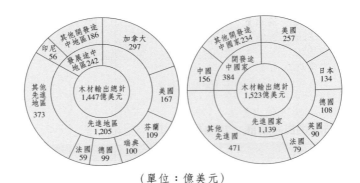

（單位：億美元）

圖2-3　世界的木材輸出額及輸入額（2000年）

資料：FAO「FAOSTAT」（2001年12月19日最後更新，2002年2月有效者）
註：1.木材輸入額的木材指的是塊木、碎片（chip）、殘材、製材、三夾板、草板，particle board、fiber board、紙漿、紙、紙板等。
　　2.個數與總額不一致是由四捨五入計算所引起者。

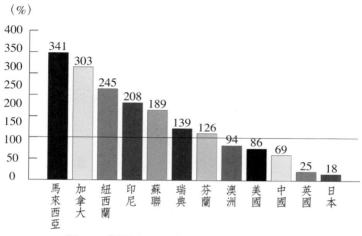

圖2-4　世界主要國家木材自給率（2000年）

資料：日本的數字來自農林水產廳「木材需給表」，其他國家來自FAO
　　　「FAOSTA]」（2001年12月19日最後更新，在2002年2月有效
　　　者）。

註：1.自給率＝國內生產量÷國內消費量×100。國內消費量＝國內生產量
　　　＋輸入量－輸出量。

　　2.日本的總計已除掉香菇原木、薪炭材，爲使用木材的國內生產量、
　　　輸入量及輸出量。

　　3.關於日本以外，則

　　　(1)國內生產量爲產業用材的生產量。

　　　(2)輸入量及輸出量是產業用材，碎片，殘材，製材，合板，草板，
　　　　particle boad, fiber boad，木質紙漿換算爲木頭者。

　　　木材進口量不會大幅度減少的理由是日本國內生產木材的
出貨體制沒有完整的關係。

　　　日本在第二次世界大戰時，從山林砍伐了大量的木材。即
使戰後盛行植樹。從當初植樹至今，已經將近六十年，然而從種
植的苗樹生長爲成樹，並不能供給新木材。

❶苗木

❹除伐、間伐

❷植林

❺除枝

❸清除

圖2-5　人工造林

　　從種植樹苗至形成樹林，需要很大量的勞力（**圖2-5**）。最初的約十年間，要除去比樹長得快的雜草，割掉纏繞在樹木的蔓

藤植物，不然苗樹會因缺少陽光而枯死。等到成長到某程度後，要砍伐除去混生的雜樹。爲了森林內能照到陽光而砍伐，促進地表植物生長以保護表土。更爲了樹幹變成良質的木材，將照不到陽光的下枝切除掉。

林業經營者比誰都瞭解這種維護的重要性。然而製品的木材價格與一九五○年代相比，差距並不大，即很低迷再加上山上鄉村的人口外移與六十五歲以上的老年勞動者比率急速提高。要求熟練技術與嚴格勞動的林業工作者，在一九六○年還有四十四萬人，然而到了二○○○年就只剩下六萬七千人。

2-1-2　日本的氣候最適於森林繁殖

日本位於歐亞（Eurasia）大陸的東邊，在其中央部分有山脈的島國，屬於亞洲季風（monsoon）地帶。這兩個地理條件都各會賦予豐沛雨量。年降雨量全國平均達到1,700mm，夏季的日照量可媲美熱帶地區，在所謂先進國家中是很稀有的例子，有了豐沛的降雨量與日照量的支持，森林的樹木都成長很茂盛。在日本，管理不良的農地，很快長出雜草，不到十年就被雜樹覆蓋地表，而這也是被自然條件限制的結果。因此，只要森林的管理良好，木材資源應該不虞匱乏。

2-1-3　木材資源無法自給自足的原因

從地理上、氣候上的觀點來說，日本的木材資源應該甚爲豐富，然而從需求狀況來看多依賴進口木材。產生這矛盾的根本原因可分爲兩點，其一爲山林的所有形態，另一原因爲國有林事業的獨立採算制。

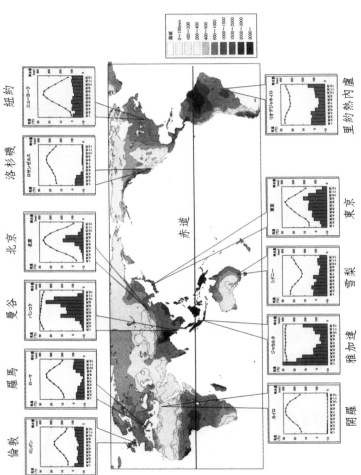

圖2-6 世界主要都市的月別降水量與年間氣溫變化

註：1. 日本國土交通省水資源部製。

2. 世界的年平均降水量使用CRID TSUKUBA Weve sight data。

3. 各城市的月別降水量及月平均氣溫與使用理科年表。

2-1-4　被複雜細分化的私有林

　　日本的私有林多為農家所擁有。這私有林到第二次世界大戰之後為止，為了能供給各農家要做為種地堆肥的落葉樹樹葉、燃料（木炭）與日常生活資材，則在鄰近於村落的森林就被細分，由各農家所有並管理。連結細分化森林的山路廣度，只有供人背負著薪炭通過而已，那通常都在一公尺以下。

　　第二次世界大戰後，日本的產業形態急速工業化，農村人口減少。農家的經營形態亦改變，現在的多數私有林所有人並不打算利用。然而多數的所有者，雖然有林道整建的計畫，但因現實與自己的收入不相配為理由，不喜歡將其所有土地捐出來。這結果使得可通行木材搬運車的足夠幅度林道就遲遲無法完成。

　　做為私有林細分化的原因是曾經存在的入會地（加入為會員的分地）的森林所引起。入會土地在從前就沒有所有人，而當成共有地來利用的地區。但到了明治時代，入會地就變成公有土地了。要到分散在日本各地的國有林地，如要開設林道，就要在林地進口附近，通過私有林了，這就成了公有林的開發與發展的阻礙。

2-1-5　國有林的獨立採算制帶來什麼

　　國有林事業的獨立採算制（可能是獨立預算制度），爆出高度成長期（一九五五至一九七三）的矛盾。相對於工業生產技術的顯著合理化與生產性改善，林業的合理化顯然跟不上時代的進步。樹木的生長速度並不像人類所思考的合理化而並無一下子就提高的特性。然而理論上林業從事者的勞動所得需要跟工業勞

動者平行。爲了平衡這雇用經費，國有林向深山延長新的林道，在新開闢的林道周邊，將其森林砍伐。在砍伐的地方種植樹苗，以後其林道的使用頻率下降，其維修保養就常落後了。所種植的樹苗都是砍伐後可做爲建築用材的、販賣價格高的杉樹、檜樹爲中心的針葉樹。這些樹木的樹根都在狹溢的範圍，向水平方向生長，所以容易被颱風吹倒或大水沖刷。以這些倒樹爲導火線，誘發山崩、土石流、土層滑移等。只優先考慮經濟效益，忽略地形，不考慮過去在該地區成長的樹種，而加以造林，結果新造好的林道，在造林時種植的樹苗生長變成木材搬運出去以前，就遭自然災害而崩潰了。

2-2 紙張、紙漿（pulp）的供需狀況

2-2-1 少得可憐的紙張、紙漿自給率

在木質系資源用途中，紙張與紙漿比建築用林還要大，而且現在日本的紙張、紙漿用資源的90%爲進口資源。木材中心傾斜於國產木頭以能高價販賣的建築用木材生產，結果是製紙用碎片（chip）的國內供應減少了。要阻止這趨勢，就改善在生產國產木材的山上，促使疏落樹枝、間伐、砍採、製材等爲一貫作業，將所有木材系資源給予回收，並將改爲能將其徹底實施製品的品質管理機制。

2-2-2 製紙公司在熱帶地方植林

大部分的製紙原料變成進口紙漿（pulp）與進口木屑（chip）以後，日本的製紙廠商競相到海外植林。現在在大洋洲

與南美、赤道所狹的東南亞進行植林。在降雨量多的熱帶，期待在植林後約二十年成爲能砍伐採收的木材。

2-2-3 廢紙（都市產生的木質系資源）的出路

日本的紙張、紙漿業界的特徵是廢紙的回收，再將其做爲製紙原料利用的再循環（recycle）率高。將回收的廢紙再利用時，爲了使廢紙的纖維容易鬆散，要將其截斷。經過截斷後纖維會變短，所以在現況下，只能回收使用幾次而已。將廢紙再製成新紙時，比較從木材做新紙，其所需水與熱能（energy）量可節省。以循環利用爲目的、洗滌（脫墨）容易、使用黃豆油的印刷墨水的使用，已逐漸普及，所以可期待再生紙的紙質的改善與價格的低廉化。自治團體推廣廢紙回收後，廢紙回收率已改善了，但廢紙的流通價格降低了。廢紙是國際流通商品，所以現在日本的回收廢紙，一部分就出口至中國。

2-3 生質系衣料資源的需求狀況

日本在古代利用苧麻的植物纖維爲主要衣服原料。棉花對肌膚的觸感最好，具有可以沿著身體曲線滑潤彎曲的特性，因此普遍被使用，做爲最適合勞動者的纖維，短時間內變成主要的衣服原料。撇開日夜勞動的日常生活，在特別的日子絹絲雖然昂貴，其具光澤的外觀即受到歡迎。但在第二次世界大戰後，在日本因爲苧麻以及棉花的國內生產衰退，棉花、羊毛以及絹絲都全部依賴進口原料了，因此生質系衣料資源的自給率就要被認定爲零了。現在，日本國產的衣服用纖維大部分爲化學合成纖維。

生質能源利用科學
Science and Technology of Biomass

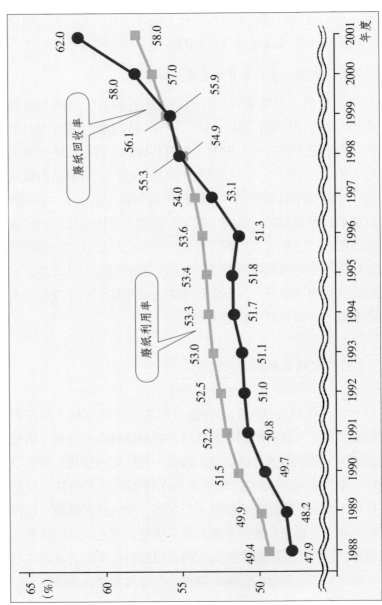

圖2-7　日本的廢紙回收率與利用率

28

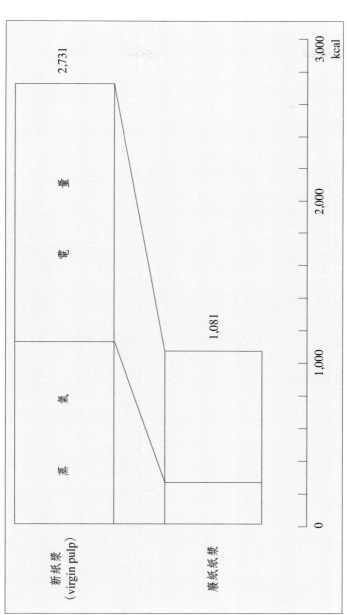

圖**2-8** 由木材製成新紙漿時與自廢紙製紙漿時的熱能（energy）消費的比較（對紙漿1kg）

註：新紙漿（virgin pulp）＝BKP50%＋GP50%

資料：廢紙回收利用促進中心

第3章 生質能源生產量由什麼因素決定

前　言

　　將生物考慮為資源時，其資源量有多有寡，可以利用的量又有多少，如此基本的疑問就會浮上檯面來。將生物分為動物、植物、微生物來觀察他們是如何獲得必要的營養源，然後解答上述的基本疑問。

3-1　生質能源的生產與能量（**energy**）

3-1-1　葡萄糖被分解就會放出熱量

　　植物自根部把溶在水中約十種無機營養源吸收，並以自葉部所吸收的二氧化碳（CO_2）為基本材料，利用太陽的光能量（energy）完成光合成。因此，光合成生產的葡萄糖（glucose），化學式以$C_6H_{12}O_6$表示，可定義為利用具有光合成機能的稱為植物的媒體，以太陽能變換幾個原子（碳、氫、氧）為有秩序的聚合狀態（稱為葡萄糖的化學構造）（參考第一章，1-5）。

　　葡萄糖在其化學構造被分解時，從有秩序的狀態（$C_6H_{12}O_6$）分解變成無秩序的狀態（在氧呼吸的細胞中變成各為六個的H_2O與CO_2），由分解伴著釋出熱量（energy）。利用這熱量，生物維持其本身所需，並能增殖子孫。每一種生物都由多種多樣的構成分子，以一定的秩序聚合的構造，進行新陳代謝。逆行自然變化的方向（失去秩序而分散），維持集合體的狀態也會消費熱量。要做出新陳代謝所必要的新物質時，需要做為

原材料的物質以及加工所需的熱量。

3-1-2 「生產者」、「消費者」和「分解者」

植物以光合成做出葡萄糖，所以生態學稱之爲「生產者」。將光合成所得到的葡萄糖，做爲熱量源，或新生體物質的合成材料，植物維持其生命、生長並增殖。

動物本身不能光合成，所以主要食用植物做爲熱量源，也供給自己做新細胞時的合成材料。本身不會光合成，只專門消費植物所生產的光合成產物的生物，在生態學上就稱其爲「消費者」。

微生物多以植物或動物的生體或其遺體爲營養源。將營養源徹底的分解，再將其分子構造所含的熱量加以利用。最終只剩 CO_2，與細胞中所含的無機物質（在3-1-1述及的無機營養源與礦物質成分），所以被稱爲「分解者」。分解產物再被生產者吸收，成立物質循環（**圖3-1**）。

由以上的內容可瞭解，所有的生物基本上都依賴光合成來生活。

3-1-3 可做爲生質能源利用的植物

動物的運動量甚大，要維持其身體所需，並留下子孫，一年就要攝取其體重十倍以上的植物。微生物雖然微小，但要活潑地增殖，比動物食量還要大。瞭解熱量（energy）與物質的流動消長，年年再生的生質資源中，人類可利用者實質上被限定爲植物。實質上，唯一的生質能源的植物，其成長受到日照量、氣溫、降雨量、土地的肥沃度等各種因素來改變。做爲生質能源要將這些因素綜合來考察。

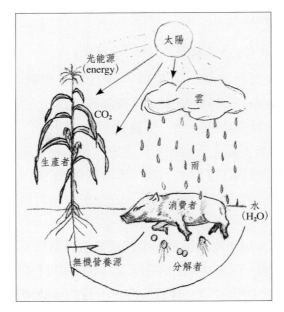

圖3-1　生產者、消費者、分解者、物質循環系

3-2　植物的純一次生產力（**Net Primary Productivity; NPP**）

3-2-1　所有光合成產物並非植物組織的真正增加量

　　植物在葉面，依光合成生產葡萄糖。將這葡萄糖送到不能光合成的根部或樹幹，做為呼吸所需的熱源，更做為生成新組織的素材。而夜間也不能利用太陽能，所以在白天的合成儲藏的葡萄糖，做為維持所有組織的熱量而消費。因此，在一定期間，實際增加的植物量定義為純一次生產力（NPP或略為NP）。NPP可以用下列公式表示：

NPP＝總光合成量－（生成呼吸量＋維持呼吸量）

然而構成本公式要素要如下加以定義：

總光合成量：由植物光合成活動形成的光合成產物的總量。

生成呼吸量：植物體要獲得生成新組織或細胞構成物質所
　　　　　　必要的熱量，所做呼吸活動消費的光合成產
　　　　　　物的量。

維持呼吸量：要獲得維持植物體生命活動所需熱量，所消
　　　　　　費的光合成產物的量。

在此如所謂一定期間為一年時，NPP要叫做年間純一次生產
力。

3-2-2　NPP（純一次生產力）與年降雨量

假設兩個地區位於同樣溫度帶，一邊的年降雨量多，另一
邊降雨量少。比較這兩個地區的一次生產力，就可期待一般降雨
量多的地區較高。

選出世界各地，以年降雨量（mm）為橫軸，縱軸為這些地
區的年間純一次生產力（t・ha^{-1}・Yr^{-1}），在小方格紙上記錄其
數據（**圖3-2**）。觀看這圖表，年降雨量在0～500mm的範圍內，
呈現降雨量與純一次生產力，大約正比例的上升。然而年降雨量
超過500mm，純一次生產力的上升開始受到抑制，其抑制程度
隨著降雨量愈多，抑制也愈大，到了3000mm附近，則年間純一
次生產力幾乎不會上升了。

在這圖表上的多數的點，假設其集合狀態，可以集約在曲
線上表示。從各點至這假想上的曲線的距離的和為最小以一個曲
線可表示的公式，以數學求出如下：

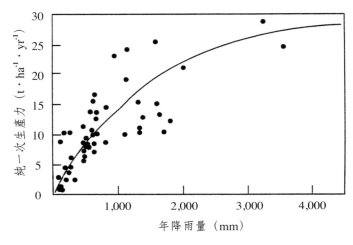

圖3-2　純一次生產力與年降雨量的關係

$$NPP = 30 \left[1 - \exp \left(-0.000664 \times R \right) \right] \quad \cdots\cdots\cdots\cdots\cdots\cdots\cdots 公式(1)$$

在此R為年間降雨量（mm）。

此公式為(1)，在後面3-2-6要再使用。

3-2-3　NPP（純一次生產力）不能單由降雨量決定

在圖表上畫出年降雨量與NPP的測定值時，公式(1)要集約的作業就顯出頗為猶豫，即差異頗大。如此的差異表示年間純一次生產力不能只由年降雨量來決定。

產生差異的因素被認為有季節的變化、氣溫的變化、土地的營養水準等。將這些因素之一的夜間氣溫取出來討論，以深入瞭解NPP變動的原因。夜間的氣溫高即植物的呼吸量亦高，在白天所蓄積的葡萄糖會大量被消耗。因此在3-2-1所觀察的NPP公式中的維持呼吸量會提高。例如在日本本州中部的山間地帶的盆

地，在夏季裏，白天的天氣晴朗氣溫高，夜間卻氣溫驟降。在這樣的盆地，米的收穫量甚高，生產的水果糖度也高。

3-2-4　NPP（純一次生產力）與年平均氣溫

由直覺我們可以瞭解年平均氣溫高的地區，廣泛存在的熱帶降雨林，其NPP大，只長青苔的凍土帶（tundra）的NPP卻小。不憑直覺，這裏有將世界各地所得到的實測值記錄的圖表。橫軸爲年平均氣溫，縱軸爲NPP的圖表上，觀察其點的分析狀態（**圖3-3**），則全部的形態呈現S字橫方向拉長的模樣。年平均氣溫在冰點以下的地區，其純一次生產力極低，上升10℃以上還是NPP僅稍微提高而已。年平均溫度超過5℃到達20℃附近，跟氣溫的上升成比例的NPP會上升。然而25℃以上，則NPP幾乎不上升了。

在3-2-2所做的手續在此亦可以利用。在小方格紙上，以年

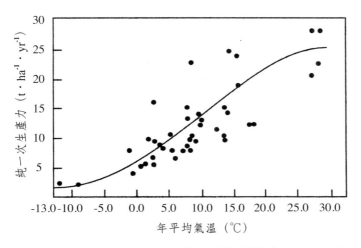

圖3-3　純一次生產力與年平均氣溫間的關係（Lieth, 1973）

平均氣溫（橫軸）對NPP（縱軸）記錄好幾個點。假設這可以用曲線來表示，即其假設的曲線的數式為：

$$NPP = 30 / \{1 + \exp(1.315 - 0.119 \times T)^2\}$$ ……………公式(2)

在此T為年平均氣溫（℃）。

這曲線所示的數式稱為公式(2)。在進行這手續時，亦感覺很勉強將此曲線給與集約。

3-2-5 NPP（純一次生產力）不能單由平均氣溫來決定

公式(2)所描寫的假想上的曲線與這方格紙上的點，大都不一致。例如將年平均氣溫限定於同地點來比較NPP，點會在曲線的上面及下面分散。這表示NPP不能由年平均氣溫來決定。可能是因為年降雨量的差異產生如此分散。

3-2-6 有關NPP的邁阿密模式（Miami model）為築後模式

注意年降雨量與平均氣溫決定NPP的因素，擬簡單求出某地點的NPP，邁阿密大學提倡的模式，則被稱為邁阿密模式。如要求得某地點的NPP，以3-2-2所得到公式(1)與3-2-4所得到的公式(2)計算求得兩個NPP值，在這兩個數值中，以較小的數值來判定為較接近現實的NPP值。

植物自根部吸取水與無機營養源，但以什麼力量將其運送到進行光合成的葉面，在此加以探討。其一是反向重力在細管中欲將液體上升的毛細管現象，另一原因是從葉面水分蒸發失去的現象。從葉面水分會蒸散，為了補充蒸發所失去的水分，依毛細管現象自根部吸上含有無機營養成分的水分。這想法中，含有根部周邊是否存在可滿足被吸上的水量（該地點的年降雨量）與是

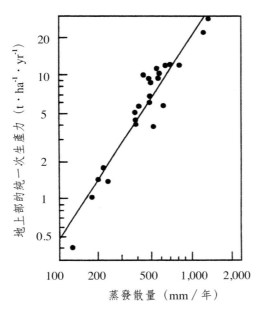

圖3-4　實際的蒸發散量與純一次生產力間的關係（Rosenzweig, 1968）

　　此模式以很茂生的植生地的CO_2與水蒸氣擴散以及熱收支的考察為
基礎，由IBP（1965~1974）所得到的植物生產數據加於解析製成者。
　　$NPP＝0.29\{exp（-0.216×RDI^2）\}－Rn$
　　在此RDI＝（Rn／（1×r））為年平均放射乾燥度，
　　　　Rn為年間純放射量（Kcal／cm^2）
　　　　r為年間降兩量（cm）
　　　　1為水的蒸發潛熱（Kcal／gH_2O）
　　純放射量由下可以氣候為準加於計算
　　　　Rn＝（1－p）St－F
　　在此St為年間全天日射量（Kcal／cm^2）
　　　　p為植生地的日射反射率（albeds）(0~1.0)
　　　　F為長波有效放射乾燥度（Kcal／cm^2）
　　放射乾燥度RDI表示各地域的氣候乾燥度
　　　　RDI＜1.0為易濕，RDI＜1.0則表示乾燥

圖3-5　築後模式（由內嶋清野等的報告引用）

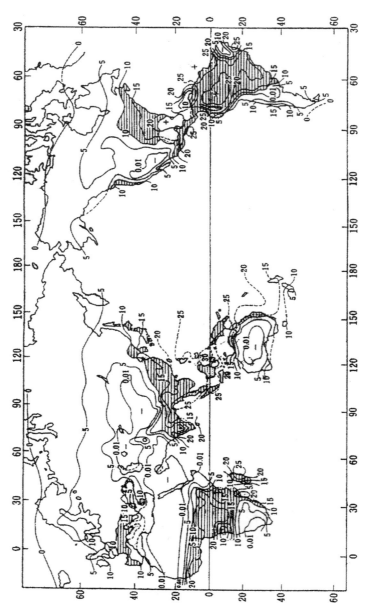

圖3-6 純一次生產力以築後模式算出的自然生物量值

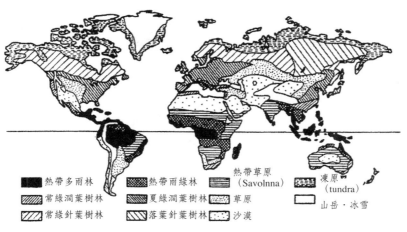

圖3-7 現在被觀察的世界植物分布

否可供給水分要從葉面蒸發時所需要的熱能（年平均氣溫）的兩個要素。

　　植物群蒸發散量（從植物的蒸散量與從土壤面的蒸散量的和）與NPP之間有密切的關係，年間蒸發散量的對數與NPP的增加呈近似直線關係。日照愈強，則氣溫升高，蒸發散量也變大。這種關係由福岡縣的筑後平原中的一所農業試驗場的研究者加以解析，整理為公式後就是筑後模式。由筑後模式得到的NPP值，不但可適合實際變化，也跟在世界上一千兩百處所得到NPP值相符合。

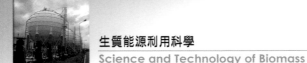

3-3 地球上的生質能源生產量

3-3-1 地球表面的30%為陸地，70%為海洋

地球表面中，陸地約為一億四千九百萬平方公里，海面約為三億六千一百萬平方公里。陸地占約30%，海面約70%。為什麼要如此區別呢？這是因為要計算生質能源（biomass）生產量，需要將陸地與海洋分開處理的緣故。

陸地上植物的葉子可幾層重疊，接受日照進行光合成的面積很大。此外更有供給植物生育所需的淡水，所以生質能源的生產量也很大。

海洋大部分（約90%為外洋，在那裏，植物無法固定繁茂。尚且周邊被含有鹽分的海水所包圍，大量植物生長所需要的氮或磷在海水中的濃度亦低。能忍受這些條件而繁殖的光合成生物只限於植物性浮游生物（plankton）。

3-3-2 陸地的生質能源生產力（NPP）

陸地的植物絕大多數由地下部（根部）與地上部（莖部或葉部）所成。地下部不能進行光合成，但可吸收植物生長不可或缺的水與無機營養源。地上部不但進行光合成，生成種子或孢子，且具有分散眾多的子孫至廣泛範圍的能力，即廣泛分布的機能。陸地自然所供應的水為不含鹽分的雨水，且供應這雨水時，只要氣溫與日照條件適宜，種子或孢子就可發芽成長。

降雨期間短則雜草可茂生，但樹木就不能生長。這類地區就成為草原。年間如有適當的降雨量，樹木會生長形成森林。

森林從樹冠至地上可生成好幾層的廣闊葉子,所以NPP會變大。整年氣溫都高的熱帶雨林,其NPP會最大。陸地的NPP(單位為 10^9 dry ton/year)中,熱帶雨林為49.4、溫帶林為14.9、北方林為9.6、灌木林為6.6,總共為79.9,達到陸地總生產(115)的70%。

　　農地的NPP(9.1)比森林低,在熱帶草原(savanna)與草原中間。陸上的沼澤有充足的水源,水深也淺,所以容易進行光合成。其NPP非常高,可與熱帶雨林媲美。

3-3-3　海洋的生質能源生產力(NPP)

　　占海洋表面積約90%的外洋,單位面積的NPP極低,雖然面積很大,以 10^9 dry ton/year為單位(以下同),全外洋只有41.5。如要將其做為生質能源利用,就要牽引網目極細的漁網捕集植物性海洋浮游物,也要花費很大的熱能(energy)。

　　大陸沿岸淺海的面積狹小,但擁有來自陸地的無機營養源,所以其NPP為9.8。占海洋總面積中的極小比率的珊瑚礁或灣內的淺灘,有與珊瑚蟲共生的微小藻類可進行光合成。加上容易從陸地補給無機營養源,所以NPP為3.7。從單位面積的NPP來比較,珊瑚礁或灣內淺灘的NPP超過熱帶降雨林。

3-3-4　做為生質能源最容易利用的是森林資源

　　陸地只占地球表面積的30%,陸地全部的NPP為 115×10^9 dry ton/year。海洋的面積占地球表面積的70%,但NPP只有 55×10^9 dry ton/year。因此人類從現在到未來,可以利用的生質能源,實際上被限定於自陸地上所能收穫者。在這陸地產的生質能源中,在一年四季都容易取得的是來自森林的木質系生質能源。

3-4 到將來也都可能利用的生質能源是什麼？

3-4-1 NPP與被蓄積的生質能源量

由進行光合成的植物在一定期間內（例如一年），實際能新增加的植物量定義為純一次生產力（NPP）。植物可對應四季的轉變或雨季與乾期的交替，加速或停止成長，迅速對應季節的變化，為了有效的生命活動，在不適合生育的期間，例如熱帶的乾枯期或溫帶的冬季，會將樹幹或根部的活動抑制為休眠狀態。雖然在休眠期間還是保持活動的組織的秩序，構成組織的分子就被固定著。這固定著的組織是以光合成為出發點，經過幾個階段的生化學反應所生產的生體物質的蓄積部分。

植物要以熱能資源或產業用原材料處理時，要採用活潑光合成的部分（葉子），不如採用蓄積部分（基部或樹幹）或暫時停止生命活動部分（種子）。在量的方面，蓄積部分相對而言較多，基本的處理技術也被確立。

3-4-2 在北方森林多的植物遺體也是生質能源

植物死亡，則是無法維持自己生命或無法進行增殖子孫的活動狀態。死亡後，其過去所固定由CO_2所形成的蓄積部分還遺留下來。這被稱為遺體。這種遺體，從生態學所稱的消費者或分解者（參照3-1-2）來說，它不但含有豐富的營養源，而且排除侵入者的毒物或忌諱物質都不再生成，因此是最好攻擊目標。昆蟲會將其咬碎做為營養源，微生物會大量分泌分解酵素將其當成繁殖場。經過這樣的過程，其被無機化的分解殘渣，已準備好下

一代的生產者的植物種子的發芽條件。

消費者與分解者容易活動的是年平均氣候高的地區。在熱帶雨林中，遺體的分解快速進行，所以由分解物釋出的無機營養源，很快被鄰近的樹木吸收，幾乎不殘留於土壤中。然而在全年氣溫不會升高的北方林，分解者的活動被抑制，所以植物遺體會被長期保存。這遺體是CO_2被固定化所生成的碳水化合物的聚合體，所以對人類來說是很好的生質能源。

遺體不留下其原來的形態，有時候也可以供做生物資源加以利用。在寒冷地區的濕地帶，夏季茂生的青草所固定的CO_2，到了秋天枯萎後，就埋沒於冷水中。不會被分解者氧化再成為CO_2再回到空氣中，保持固體堆積而成為泥炭。這泥炭就成為寒冷的高緯度地區的重要的熱量資源（燃料）。

3-4-3 到達地球的太陽能被利用於光合成的效率

植物所做的光合成為生物資源的起源，植物體以太陽的光熱能，將碳為中心的化學構造變換，成為封閉的化學熱量群。過去植物所做的光合成生成以碳為中心的化合物（有機化合物）蓄積，受到地質學的活動，其化學構造變化所生成的就是煤或石油（化石燃料）。人類將這化石燃料使用過度，所以空氣中的CO_2濃度年年升高。在人類大量使用化石燃料以前，主要由生態學上稱為消費者與分解者的生命活動結果所排出的CO_2量與光合成所固定的CO_2剛好平衡。在此轉換觀點，觀察到達地球上的太陽光熱能中，被利用於光合成的程度。

太陽向地球放射的光熱能約三分之一被反射。其餘的大部分被陸地、海洋、大氣所吸收後，轉變為熱，被使用於水的蒸

發、雲的形成。據計算,被光合成所使用者,僅爲到達地面的熱量的0.05%到0.10%之間。

3-4-4　只靠光合成蓄積的太陽熱量,人類能否持續生活下去?

將今天的生命延續到明天,最確實需要的是糧食。其糧食的大部分爲直接由光合成所生成的產物,或攝取光合成產物的動物的乳、肉、蛋,或魚類或由魚類變換的間接的光合成產物。

以人類糧食的熱量(calorie)換算,其熱量的標準值做爲1,世界上人類所消耗的總熱量加以計算即爲20。由植物所捕捉的光合成所利用的太陽能,其絕對量如也訂爲20。由如此單純化的計算,如果能有效地使用生質能源,人類可以只依賴光合成就可生存,看起來也可能持續地發展下去。

然而事實上,連峻峭的山岳地區或海洋在內,不可能將地球上所生產的光合成生產物全部加以收集。人類容易工作的平原區,大部分的農耕地、都市、工業區、道路等都已被開發利用殆盡,所以要將更多的土地面積轉換爲光合成生產地,似乎是不太可能。站在生活環境或生物多樣性的保護立場,對自然生態系加以改變似乎是不大合適。

3-4-5　以生質能源處理糧食與化學原料問題

以生質能源爲出發物質處理人類所需要的所有資源,似乎是很難。生命的維持與存續只能依賴稱爲生質能源的糧食的化學構造中所封存的化學熱量。支持現代社會的物質群中,有關以石油爲出發原料的工業生產物(石油化學製品),有可能以生質能源來代替。最大的關鍵在於生質資源能否做爲生產活動或運輸移動所需的熱能(energy)源利用。日本進口的石油其90%以上消

費在這用途上，所以考慮到此點，要以生質能源來應付的想法似乎不實際了。生產活動或運輸移動所需熱量（energy）求諸於生質能源以外的新熱能（燃料電池、太陽能電池、海水發電、風力發電、地熱發電等）才是不勉強的形態了。

在以石油為出發原料的石油化學工業，將原油分餾所得到的揮發性比較高的部分（naphtha：石油腦），變換為化學構造簡單的少數汎用素材，將其經各種化學反應，合成為必要的物質。很幸運的是生質能源的化學構造具有容易變成現代石油化學工學常用材料的構造（參照第四章）。

現在為生鮮垃圾或產業廢棄物的未利用生物資源，將來如能建立巧妙地變換其化學構造的技術後，石油化學工業就可能被改稱為生質能源化學工業了。

第**4**章 植物系生質能源的基本構造與化學特性

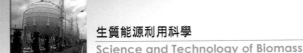

前　言

　　由人類的觀點，期待持續供應生質能源，若只限定於陸地產的植物系資源，其中最可能利用的是全年都可以獲得的森林的木質系資源（參照3-3-4）。

　　木質系生質能源有什麼構成要素、由什麼組合所結合，必須先行瞭解才能有效地利用。

　　在前面曾提到所謂六角形的龜甲形化學構造。如將其認為難以瞭解就會麻煩，但如將其限定於只要瞭解生質能源的特性的程度，則可以很輕鬆地以猜題的心情來應付了。不要有壓迫感，很輕鬆地看下去，希望能以期待自己知識會更廣闊的心情讀下去。

4-1　構成生質能源的原子與分子

4-1-1　原子的特性由原子核的構造決定，原子互相間的結合與電子有關

　　將某種物質逐漸地細分化，就成為其有此物質特徵的最小單位。這就稱為分子。構成分子的就是原子。這原子在其中心有稱為原子核的部分，這部分占原子全部重量的大部分。粗略地說，原子核由陽子與中性子所組成，由陽子的數量決定原子的種類，由陽子與中性子的構成比，決定原子的安定性。

　　原子核的外側有電子，電子的總數與構成原子核的陽子的

數量基本上相同。如來看原子核周圍所配置電子的狀況，則如洋蔥呈立體的層狀。電子的配置可表現分為層狀配置的理由是電子並不是停在一個地方，而是以非常高的速度在迴轉，其移動的範圍成為層狀的緣故。將原子的構造做為對象討論時，各個的層叫做殼（shell）。

實際上，電子非常小且以高速度在原子核的周圍轉動。如從外面看這狀態，電子也不能被捉住在某一個點。在那裏，以存在或然率在紙面上劃出的點以密度表現，則電子所轉動的範圍（軌道）會顯出如雲的狀態（電子雲）。請想像如此可說是電子軌道的集合體的電子雲，以原子核為中心，重疊好幾層，而且各層不會互相擾亂而形成殼。電子只一個存在則不穩定，成對就雙雙進入軌道，就具有穩定的特性。

電子在最外側的殼被給予住家，而且在這外殼有電子們會互相成對，如迴轉軌道無對象時，就試著找對象。偶然接近相鄰的原子，在其外殼剛好有不成對的電子存在時，相反的原子會提出其最外殼的欲成配對的電子，共有住家（電子的軌道）。好不容易成對的一個電子，堅固地結合而不容易將其拉開了。如此，本來不同原子所屬的2個電子成對不分離時，稱為2個原子間結合了（電子的軌道共有的共有結合）。

4-1-2 構成生質能源原子間結合的切斷與形成新結合

植物以空氣中的二氧化碳（CO_2）與從根部吸上的水為原料，利用太陽的光熱量（energy）光合成葡萄糖時的情況，請在腦中想像一下吧。首先，已由碳原子與氧原子形成CO_2，由氧原子與氫原子生成H_2O分子的初期狀態要給予破壞。則在CO_2或

H_2O的分子中，構成共有結合部分的成對電子要分離。再下階段，因與從前的原子的排列法不同，跟鄰近的原子之間形成新共有結合。重複如此階段生成葡萄糖。就這樣原子間的位置關係變更，新鄰接的原子與原子間互相結合的過程，稱爲化學反應。幾個原子以一定的比例，以同樣的模式結合，做爲分子呈安定的狀態者，稱爲化合物。

4-1-3 構成生質能源的分子被稱爲有機化合物

構成生質能源的是以碳爲中心的化合物群。反映這些化合物，在化學未發達的時候，只能自生物獲得的歷史，稱爲有機化合物（organic compound），是取自有機體（生物，organism）所得到之意。構成有機化合物的原子的種類除碳（C）以外，尚有氫（H）、氮（N）、氧（O）、硫（S）、磷（P）等，而這些都有以共有結合、原子們會互相結合的特性。

4-1-4 結合熱能（energy）（要切斷原子間結合所需的熱能量）

假設有原子結合的一個穩定狀態的bio（生物）分子（構成生質能源的分子），要破壞其穩定狀態，則要切斷分子內的共有結合，要拆離共存於同居住所（軌道）的2個電子。要拆離具有構成成對特性的2個電子，則需要鉅大的熱能。從外部要加入這熱量，究竟要如何做到呢？將共有結合的原子間的振動幅度增大，則原子核間的間隔會過大，而電子不能共有同一軌道，結果會被切斷。要做爲原子間的振動增大的手段，可給予熱能，例如加熱使溫度提高。加熱所需的熱能量可加以測定。因此原子間的結合強度能夠以能量（energy）的大小來表示，而將其稱爲結合能量。

4-1-5　改變結合的原子構成比，就會變成具有不同特性的分子

首先假設碳與氧各別單獨存在。這2種原子互相結合成為新物質，則新的分子其特性就有顯著的改變。

碳具有只有碳所具備的特殊性，指的是多數碳原子們會互相結合。發揮這特性，多數碳原子以極端正確的規則排列結合成為硬度很高的鑽石（diamond），如果不規則排列結合，雖然也是固體，會成為如木炭的較軟柔構造。

氧以單獨的原子狀態很難存在，另一方面，也不能多數連鎖起來。通常是2個原子結合成為氧（O_2）（氣體）。固體的木炭與空氣中的氧分子（氣體）相逢，一方面放出熱量結合（燃燒）另一方面成為二氧化碳（CO_2），而這也是氣體。如此隨著這樣的化學反應產生大量的熱與光的現象稱為燃燒。

4-1-6　結合原子的構成比改變，就成為具有不同特性的分子

木炭燃燒時，如不給予充足的氧分子（空氣或氧氣）時，就變成一氧化碳（CO）。一氧化碳與二氧化碳都是氣體，由碳與氧所結合成的分子的這一點上相同。然而其分子構造不同，在化學的特性與對生物的作用也有很大的差異。CO_2存在於自然狀態的空氣中約0.038%（參照1-5），但以這種濃度不致於對人的健康有危害。然而CO在空氣中存在同樣濃度，則會使人窒息死亡。因為CO會使血液中所含的血紅素（hemoglobin）機能完全被掠奪掉的關係。血紅素在氧氣高濃度存在的肺中，緩慢地與氧氣結合，經由血液的流動從肺部搬運至末端組織。CO具有與這血紅素極堅固（氧的2萬倍）的結合特性，所以會妨礙血液的氧氣搬運（窒息）。

4-1-7　發生化學反應時就有熱量（energy）消長

例如在日常生活中可體驗到，木炭與空氣中的氧分子進行化學的結合，釋出熱量（energy）（參照4-1-4）。在這反應的前後，原子的排列狀態會改變。因此，反應物質（反應物質＝原料物質）所具有的結合熱量（energy）（參照4-1-3）的總和與反應所生成的物質（生成物質）的結合熱量的總和有差異。這差異則反應前後的相當於兩者的結合熱量差異的相當熱量就會成為發熱量，與外界之間有出入，則會發熱或吸熱（給與加熱）（參照1-6）。

4-1-8　由CO_2與H_2O生成葡萄糖的模擬化學與熱能（energy）

在植物的葉子所進行的光合成，各種反應會連續進行，所以各個反應之間，其反應之間所出入熱量很難加以解析。相對地，在試管中所進行的化學反應，可以控制分段進行，所以其反應間的出入熱量可使用熱量計加以測定。

在此假設在試管中，從二氧化碳（CO_2）與水（H_2O）以化學的方法做葡萄糖（$C_6H_{12}O_6$）。要經過十個階段以上個別反應的累積，才會成為葡萄糖，在各階段先把構成反應物質的分子中的原子間的結合加以解離，再形成新做成的分子中的結合。如試管中進行的各階段的單純化實驗系中，構成反應物質的原子間所發生的共有結合的解離〔熱能（energy）的釋出量〕與生成物質的原子間新形成的共有結合〔熱能（energy）吸收量〕之間，究竟有多少熱量的差異，則可用熱量計加以測定。

在各階段所出入的熱量累計，出發分子（CO_2與H_2O）具有的結合熱量的大小與反應最終生成物（$C_6H_{12}O_6$，glucose）所具

有的結合熱量的大小加以比較，則可以發現最終生成物比出發物質的熱能度較大了。這熱能的顯著差異可以解釋是由太陽的光熱能（energy）將原料分子加以集合，給予有秩序的化學結合所需熱能（參照3-1-1）。

4-1-9　多數小**Bio**（生物）單位分子構成巨大**Bio**分子

一個分子的大小雖然很小，但其有同樣構造的分子群，以一定的法則多數結合（聚合），就可成為巨大分子。如此形成的巨大分子與原先的小分子的特性不同。常見的例子是稱為ethylene（乙烯）的分子是由2個碳原子結合的構造為中心所生成的氣體。多數的乙烯分子群聚合就成聚乙烯（polyethylene）的固體。這聚乙烯（一種塑膠）幾乎不讓液體或氣體透過，所以可延伸成為薄膜（film）可做成塑膠袋子，在日常生活中使用而帶來方便。

很多構成生質能源的分子由數百大小相同（或大小類似）構造分子（稱為單位subunit）所成，其數量有時會達數百、數萬個而結合成巨大分子。這些巨大分子做為生物不可或缺的機能分子，或以貯藏分子使用。例如植物的葡萄糖為subunit做成澱粉或纖維（樹類或草類的纖維）。由於量體subunit的葡萄糖分子群間的結合模式的差異，成為糧食的澱粉，給植物韌性的纖維素（cellulose）。這纖維素就是棉花或麻布的植物纖維的基本構造。由於纖維素分子的長度（單位subunit結合數）與分子群所生成結晶構造的大小差異，產生不同的特有特性與用途。

4-2 葡萄糖分子的構造

4-2-1 碳原子與下一個原子的結合方向

在碳原子最外殼有不成對（pair）的4個電子，有4個，那麼各2個就成對了嗎？但在原子或電子的世界，事情並沒有我們想像的那麼簡單。實際上是生質能源的構成原子中，在氫最外殼有2個電子成對就趨於穩定，但其餘的主要原子碳、氮、氧等，卻要有8個電子在最外殼，才會趨於穩定。在此以比喻來加以述說。在碳原子最外殼有四幢房屋，每幢各房屋有單身漢居住，然而都在尋找伴侶。單身漢欲在同伴（同樣的原子）中選出伴侶，但不想將四幢房屋的一戶（或兩戶）空下來，所以有從稍微遠親（其他種類的原子）選伴侶的意願。在這種狀態下，四個單身漢就向四方尋找做為伴侶的對象。對於如紙面的平面，只要尋找上下左右就可以解決。但對於如洋蔥的立體構造的表面（參照4-1-1），對立體的全方位都要均等的監視就很難辦了。

在日常生活中要傳播情報的手段很多，像報紙或書籍印刷在平滑的紙上，或在電視畫面的近於平面的畫像來表現。因為有這樣的生活習慣，所以要瞭解分子構造時，期待要在平面表示其真實的形態，稍不注意就將原子或分子的構造認為是本質上為平面的。尤其是考慮原子與原子的結合方向或角度時，因為是肉眼看不見的（立體）次元，所以這樣的情形就很難加以表示。構成生質能源的最基本的構成單位是葡萄糖。這葡萄糖是呈可納入平面構造的嗎？當然不可能，這是立體的。要特別注意這一點來進

行討論。

4-2-2 以簡單的操作瞭解碳原子結合的方向

碳原子尋求結合對象的方向是立體的均等分散的4個方向。為了瞭解這均等分散的立體4個方向，要稍微動手做些手工。

準備一邊爲20公分左右的正三角形的三夾板，在其中心點設置垂直於此板的柱子，從正三角形的三個頂點各以圖釘固定一個橡皮圈。將此三條橡皮圈稍微拉伸，套在中心的柱子，集合在一起（**圖4-1**）。將集合在一起的橡皮圈向柱子上方垂直往上垃。從這集合點，對任何2個橡皮圈到圖釘與三夾板的一邊會形成等邊三角形。這等邊三角形總共有3個。將套在柱子的橡皮圈集合點的三個橡皮圈往上再拉。等任意2個橡皮圈與底邊的三夾板成爲正三角形爲止。此時的形態就是由4個正三角形所形成的三角錐，將其稱爲正四面體。這正四面體有4個頂點，而如從任何1個頂點向相對的側面拉下垂線，就有四條垂線交叉的1個中

圖4-1 圖中四枚三夾板組成的正面體也使用三個橡皮圈所成的正四面體

心。這中心不在任1個正三角形面上。從4個頂點到此中心即呈同距離。從此中心向2個頂點拉線，測定其角度即是109°18'（109度28分）。

4-2-3 在正四面體中心的碳原子向四個頂點伸出結合的手

在這正四面體的中心放置碳原子的原子核，即會在各頂點的方向存在著單身者的（孤立的）電子。這些孤立的電子，互相都在空間上最遠的方向占位置，向外求取能成對（pair）的電子。從外面拉近的原子（例如第2個碳原子）也有孤立的電子存在時，兩原子的孤立電子會互相認為找到伴侶而開始同居，如此2個碳原子就結合了。碳原子有4個孤立的電子，所以都能分別與別的碳原子結合，在最初（第1個）碳原子的周圍就有4個別的碳原子存在的結果。從其中心的第2個碳原子的原子核向結合的第1與第3的原子核拉線，就會成為折線。這折線所表示的角度為109°28'。則碳原子在最外殼的四個孤立電子，配置於互相離得最遠位置的角度相同。

參與結合的原子為相同時，互相都在均等的立場，所以不必有多餘的掛慮。到此為止，考慮的都是碳原子與碳原子結合的正面四體頂點間的電子共有結合。兩個原子各認為都是正四面體，各個都將一個頂點和一個電子共有的結合者稱為單結合。碳原子間，或碳與氧、氮等的原子間，其共有結合不被限制於單結合，也有稍微複雜的雙重結合、三重結合。

4-2-4 碳原子也形成雙重與三重結合

在此有2個碳原子，各個的碳原子都有4個孤立的電子。2個碳原子，各將自己所屬兩個孤立電子互相提出來與對方碳原子

孤立的2個電子間生成兩組成對（pair）電子。此時所形成的同碳原子的結合稱爲雙重結合。參考4-2-1的說明，就比較容易瞭解。以正四面體的2個頂點所成的稜線，互相接觸的形態，2個碳原子結合的形態稱爲雙重結合。

碳原子所有4個孤立的電子中，取任何3個，都在一個平面上。以正四面體模型所表示的2個碳原子，採取各在一個平面間接觸的形態，將在這些平面上的頂點孤立的電子以配對（pair）結合，就成爲三重結合。

4-2-5 構成生質能源的碳以外的原子所形成的共有結合

到此爲止，我們談及將碳原子視爲各有4個擁有孤立電子的位置的正四面體的頂點，2個的正四面體各有1個頂點接觸的單結合，在稜接觸的雙重組合，面接觸的三重結合，構成生質能源的原子中，除了氫爲例外，在正四面體的4個頂點有電子配置，對各個原子都相同。

然而在原子外側的電子數卻由原子的種類而異（參照4-1-1）。原子核中的陽子數，因原子的種類而異（參照4-1-4）。原子核中的陽子數比碳原子多1個的氮原子，在最外殼擁有5個電子，其中2個由本身作成配對（pair），3個爲孤立的電子。作成配對的電子與孤立的3個電子都在正四面體的頂點做爲其居住所。因此氮原子以共有單結合能夠與3個原子結合。氧在最外殼具有6個電子，其中4個電子成爲2組配對（pair），剩下的2個電子爲孤立，因此氧原子可做成共有單結合的數量只有2個了。

氮與氧均有孤立電子複數個，所以能形成雙重結合。氮有3個孤立電子，所以也可生成三重結合，氧可以與碳或氧形成雙重

結合，碳能與碳或氮成三重結合。以碳為中心的有機化合物，跟同種類的原子或異種原子間形成單結合、雙重結合、三重結合，因此構造為立體性，必然發展成極複雜的形態。

4-2-6　以正四面體考慮的碳原子可以用漏斗來比喻

在腦海中描寫具有3個碳原子，而以共有單結合連結起來的形態（**圖4-2**）。這三個碳原子（從一端叫做第1，第2，第3碳原子）的原子核，不會以直線橫排列，而成為109°28'的角度的折線（參照4-2-3）。其成折線排列的3個碳原子可排列於平面上。

我們想像在這連結成折線狀的一端（在此假設為第3的碳原子），第4的碳原子在此連結的狀況。

首先，對第3的碳原子加以注意，這第3的碳原子所擁有的4個正四面體模型的頂點中，請注意已經有1個頂點已被使用於與第2個碳原子結合了。尚未結合的3個頂點，以立體形態分散面向分散的3個方向，這第3個碳原子的狀態，以身邊的家庭用品來比喻，則可以漏斗來表示吧。漏斗有被做成細長管狀腳與像牽牛花的開傘部分（花瓣）的接合點，這就相當於第3的碳原子的原子核的位置，腳的先端就是與第2個碳原子的結合部分。牽牛花的

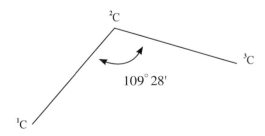

圖4-2　自^1C至^3C也以共有單結合則為抵線而能收納於平面上

花朵狀展開部分，由漏斗的腳以立體狀均等的展開。其展開的花瓣最外緣的任何一處給予做記號。如將這記號爲表示第3碳原子的正四面體的頂點之一，則剩下的兩個頂點，就以該記號爲起點存在於將外緣均等分割爲三的地方。在這些地方也給予做記號。在漏斗外緣做3個記號的位置，就是正四面體的頂點部分。在這3個位置的任何一處，就要與第4個碳相結合。

4-2-7 4個碳原子不分枝地以共有結合連結就可收容於平面嗎？

這第3與第4碳原子結合的連結點，會被收容於從第1至第3的碳原子所存在的平面上嗎？被視爲第3的碳原子的漏斗，以其腳爲軸迴轉，即在外緣做記號的地方有可能在這平面上。然而漏斗的牽牛花以花狀展開的花瓣邊緣成爲360°，而在圓周上能搭上其平面的只有3點。要將這3點巧妙地成爲一致的或然率很低。到此爲止的內容，要將其總括起來表現，則第1個碳原子經過共有單結合，至第4個碳原子依次的延長，則能到第4個碳的或然率甚低，除了很幸運地碰上以外，全部會收容於一個平面的可能性甚低（**圖4-3**）

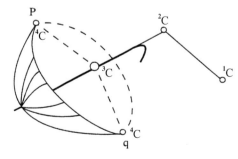

圖4-3 自¹C至⁴C以共有意單結合能否收納於平面上，以洋傘爲模型來考慮

4-2-8　分子喜歡在廣闊的空間，佔各個相互遠離的位置

到此為止的思考，碳原子們如要以共有單結合，連鎖成為一條連鎖時，碳原子會互相佔其位置。從此考慮葡萄糖的分子構造，本來應該就要對細節給予考慮。成連鎖以共有單結合的碳原子，各有附屬物。這附屬的就是氫原子（-H）與氫原子跟氧原子在一起的羥基（-OH）等。成為問題的是這些部分，互相要佔什麼位置，葡萄糖才成為穩定的構造，這就是問題所在了。如將這內容詳加述說，只會徒加議論而已。長話短說，「同原子（例如-H）或原子集團（-OH），其結論是在立體的展開空間，互相採取保持遠離的位置」（圖4-4）。

4-2-9　葡萄糖分子呈六角形環狀

在此將焦點放在葡萄糖的分子構造。葡萄糖從第1個碳原子^1C到第6個碳原子^6C，都以共有單結合成連鎖狀結合。其第1個碳原子與氧原子以雙重結合，結合起來（$=^1C=0$），第5個碳原子與其鄰接的第4、第6的碳原子以外，尚與氫原子（-H）1個以外與氧與氫連結的具揮發特性的羥基（-OH）1個結合（H-^5C-

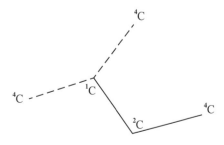

圖4-4　^1C至^4C以共有單結合連鎖，就成為拉長的N字或無底邊的梯形

OH）。如只注意數字，就會陷入第1個與第5個碳原子好像會離開很遠。然而以實際組合的模型來看，這兩個碳原子就位於比較近的地方。第1個碳原子以雙重結合所連結的氧與第5個碳原子所結合的羥基尤其是很近，而且兩者更以化學的反應容易結合起來。其位置關係，容易發生反應的關係，自然發生反應。第1個碳原子以雙重結合的氧原子以單結合連結氫成為羥基，第5個碳原子所結合的羥基的氧原子會與第1碳原子結合。換言之，第5個碳原子^{5}C與第1個碳原子^{1}C會與氧原子為仲介，以-^{5}C-O-^{1}C-的形態結合，這種結合樣式，化學上稱為hemiacetal結合。從這仲介的氧原子與第1個至第5個碳原子，一共六個原子連結的形態為通常的葡萄糖的基本骨骼。第6的碳原子與第5的碳原子雖然結合在一起，但並沒有納入環狀構造，而露出外面。

4-2-10　^{1}C所構成的醛基與^{5}C的羥基結合就成為半縮醛（hemiacetal）

前項的後半是將鋸齒（Jigzag）型葡萄糖的^{3}C假設為中心，對此將^{2}C與^{4}C共有單結合後變成可自由旋轉的捲入型葡萄糖的型態。將思考的起點各別訂為^{2}C、^{4}C、^{5}C，其到達的結論都變成捲入型的葡萄糖。

再回到葡萄糖的全部碳原子會不會容納在一個平面上的位置的議題上（4-2-9）。碳的結合角為109°28'，6個碳原子如在平面上以捲入型共有結合，則^{1}C與^{2}C的結合線會與^{5}C與^{6}C的結合線交叉。然而^{1}C與^{5}C間的距離極為接近。成為醛基的^{1}C的雙重結合的氧原子，就在很近於^{5}C的位置。

在有機化學的世界裡，這碳（在此為^{1}C）與有雙重結合的氧與羥基的碳（在此為^{5}C）接近時，容易引起化學結合。此時，

以雙重結合的^{1}C單結合的羥基，與^{5}C結合的羥基的氧原子會與^{1}C行單結合（**圖4-5**）。

換句話說，與^{5}C與^{1}C會以從前結合於^{5}C的氧原子爲仲介結合成$-^5$C$-$O$-^1$C$-$的型態。這種結合方式在有機化學就稱爲半縮醛（hemiacetal）。這仲介的氧原子與^{1}C至^{5}C的碳原子總共6個的原子環狀連結的形狀爲環狀葡萄糖的基本骨骼（參照**圖1-3**）。

4-2-11 形成環狀葡萄糖就會產生 α 型與 β 型

如取消這環狀構造，則鋸齒（zigzag）型結合中，在^{1}C所構成的醛基會消減，^{1}C會成爲結合氫與羥基的形態。這羥基在立體的環狀構造中，會向上或向下彎，就成爲新的問題。由於採取二種方向的不同，就會決定成爲α型葡萄糖或β型葡萄糖。

由共有單結合做成環狀構造後，其結合就不容易被切斷。然而雖然以很低或然率（可能性）。^{1}C與^{5}C的結合會被切斷，被切斷的兩端會交叉，經過六角形，由於共有單結合的自由回轉，恢復到鋸齒型。回到鋸齒型葡萄糖後，再經過捲入型成爲環狀型葡萄糖時。就有分別成爲α型或β型葡萄糖的機會。

^{6}C與^{5}C雖不共有單結合，但^{6}C因爲不被納入其分子全部特別

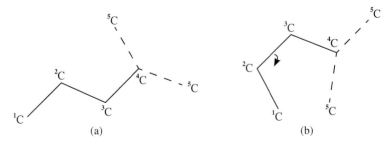

圖4-5　以共有單結合的^{1}C至^{5}C，能容納在平面上時

構造的環狀構造中，所以被顯著地凸出在外面。這凸出部分相當大，所以連^{4}C所結合的羥基也採取遠離^{5}C的立體位置。因此，體型大的原子團會盡可能佔互相遠離的位置（參照4-2-9）。

4-2-12　實際上葡萄糖分子呈立體的曲折六角形

到此所考察結果，葡萄糖的基本骨骼為環狀構造，但所指的是6個原子間的結合狀態。這6個原子並不能納入平面，則已加以說明了（參照4-2-9）。那麼這環狀構造，在立體上究竟成什麼形狀呢？

如先做結論，從^{1}C至^{5}C的5個碳原子與由從^{5}C來的1個氧原子（－^{5}O－）的總共6個原子會每隔一個（交互）取向上波方向或下坡方向，這就是實際上的形態了。

再思考其中必然性。自^{1}C至^{3}C的3個碳原子，必共有單結合來連結時，則以^{3}C的碳為頂點採取109°28 的角度，就是採取如此的^{1}C與^{3}C的位置。

再下來，在一個平面上畫出正五角形時，其內角為108度，正六角形的內角為120度。正五角形的內角近於108°28'，但將5個原子以單結合環狀結合，不能容納於平面上。

再這上面加了一個氧原子結合為6個原子的環狀，如各方的結合角均為109°28'，若要將這環狀構造硬收納於平面，則會產生很大的歪曲。

自然界裡，物質的立體構造不會勉強將其收容於平面上，盡量要保持其原子間的角度，所以葡萄糖分子的環狀構造會成為立體的反覆上下起伏的環狀六角形。

暫時離開這自然的狀態，以吾人容易思考的平面來表現其

分子的形態者就是投影式了。

4-2-13　多數葡萄糖聚合成爲澱粉與纖維

　　大部分葡萄糖分子都是呈半縮醛（hemiacetal）結合的鋸齒形（zigzag）的六角形，而形成這六角形時，由^{1}C所生成的氫氧基的結合方向，分爲α型與β型。將這α型緊緊地抓住，在保持α型構造之間，假設葡萄糖的第2個^{4}C（將這表示爲^{4}C）所附著的氫氧基之間，假設發生脫水縮合。在此所述脫水縮合是自^{1}C-OH與HO-^{4}C之間除去水分子（H_2O），結果指的是生成^{1}C-O-^{4}C的新結合，則2個葡萄糖伴隨著脫水而結合（失去水分子換來獨立的2個分子互相結合），這現象稱爲脫水縮合，半縮醛多環狀構造的第1個葡萄糖的^{1}C所結合氫氧基保持著其位置與第2個葡萄糖的^{4}C脫水縮合的狀態，這照規定要表示爲α-（1→4）。由α-（1→4）結合很多葡萄糖分子會結合〔做成葡萄糖的聚合體，或稱爲葡萄糖的聚合體（polymer），就成爲澱粉〕。

　　葡萄糖分子的^{1}C的羥基保持β型的狀態緊緊地被抓住與第2的葡萄糖分子的^{4}C所結合的氫氧基進行脫水縮合就成爲表示爲β-（1→4）的縮合，由此β-（1→4）結合，很多葡萄糖會脫水縮合（生成聚合體，或生成polymer），則生成纖維素（cellulose）（**圖4-6**）。

4-2-14　做爲巨大分子的澱粉與纖維素的構造與特性

　　多數的葡萄糖分子以α-（1→4）結合，就變成全部的構造爲具有寬度的緞帶（ribbon）以螺旋狀捲起來的形狀的巨大分子。緞帶捲起來的形態聚合，就好像是將竹筒束集結起來的狀態，所以從外部稍加力道，就很容易散開。因此，澱粉在水中加

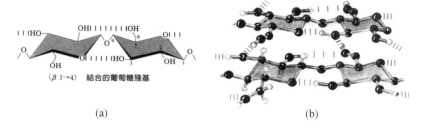

圖4-6　環狀型葡萄糖分子的 β 型以(β 1→4)連鎖就成為波狀的纖維素

熱就再聚在一起，很容易成為糊狀。

　　多數的葡萄糖以 β-(1→4)聚集成為巨大分子，就以葡萄糖為單位，反覆上行，下行的鋸齒（zigzag）的形狀，這鋸齒形狀聚集就尖峰與尖峰重疊，狹谷與狹谷重疊，互相間就無間隙。緊密貼在一起的巨大分子間有很難拉開的力量（氫結合：參照5-1）產生，所以成為不容易崩潰的纖維。木棉（cellulose）所成的布料墊在蒸籠，被沸騰水的蒸氣長時間蒸煮，木棉的分子構造也呈現毫不受損傷的堅牢聚合狀態。

　　澱粉與纖維在稀薄酸液中加熱，則葡萄糖分子群所結合的 ^{1}C-O-^{4}C間，水分子會浸入，其結合會被切斷（解開聚合）成為葡萄糖分子（單量體subunit）單位。水浸入聚合體的結合部，分解成構成單位的過程，稱為加水分解。

4-2-15　木材的化學構造

　　木材有堅固的組織，要使用刀具或木工工具才能加工。將木材組織以機械切削成小片化的碎片（chip），在巨大壓力下，連同化學藥品長時間加熱，則組織會崩潰成為纖維狀部分

與黑色液體。組織狀的部分為纖維素（cellulose）與半纖維素（hemicellulose），黑色部分則稱為木質素（lignin）。半纖維素是由多種糖分子所結合的構造，類似纖維素的纖維，將纖維與半纖維素部分加以收集，以水充分地加以洗淨，就成為製造紙張的紙漿（pulp）。木質素以呈正六角形的平面構造的部分（苯，benzene）為中心，由幾種附屬構造〔羥基，甲氧基（methoxy），羥丙烷（hydroxy propane）〕等附著而成。在木材中，木質素（lignin）的附屬構造成分，不只是會互相結合，而且這些附屬物尚具有結合纖維素成半纖維素的特性。因此可暸解木材是具有由纖維素、半纖維素的纖維部分，與稱為木質素的不溶於水的接著劑，堅固地結合所成的構造。植物的木質部是由纖維素、半纖維與木質素成為一體的組織的意思，則以一個單字「木質纖維素」（lignocellulose）來概括表示。草類的構造也很類似木材。纖維素的結合狀態為平面，木質素的含量也少得多，所以沒有木材那麼堅硬。

第5章　木質纖維素的化學資源化趨勢

前　言

　　將整個地球納入視野時，Bio（生物）資源〔做為資源考量時的生物總量：生質能源（Biomass）的年統一次生產量（NPP）〕為人類一年間所使用總熱能（energy）量的約10倍（參照3-4-4）。這些生體構成部分的蓄積量與遺體（參照3-4-2）合算的Biomass總蓄積量，據計算會達到年純一次生產量的10倍。理論上有如此的數字，但由光合成所形成的植物資源，能否如計算數那樣被利用，則要由不同國家的氣候帶或地區，受到各種限制。

　　另一方面，現在生存在地球上的人類對於受託附給我們的這種使命，則要注意不再破壞自然環境。可以說是地球上所留下來的最後資源的Bio資源，有義務考慮應該如何將其有效地加以利用。縝密地考察將來的生活應該要如何，然後必須以合理的Bio資源利用的心，加以研究，開發，而且利用。

　　生物即表示所有生物總量，然而生質則只有能做為原料（產生熱量的原料）所以如動物做為食用者並不算為生質。

　　從森林得到的Bio資源的大部分是木質纖維素（參照4-3-4），將其做為化學資源利用的技術開發時，究竟現在進步到什麼程度，我們首先加於瞭解。

5-1　將木質纖維素熱流動性化製成塑膠

　　木材（木質纖維素）從最外面施加適當的壓力時，就會產生少許彎曲，外力解除後就恢復到原來的形態。外力過大則木材

圖5-1　削成薄層的木板加熱則可賦與可塑造性

引用自*JAF Mate*，2004年4月號，12頁。

會被摺斷。在施加外力之前，以熱水處理後，卻變成可耐相當壓力的程度（例如彎曲到可加工成環狀的形態）而具有可塑性（圖**5-1**）。

　　木質纖維素的纖維素與半纖維素部分是糖分子連鎖的多數巨大分子構造集合者，由多數的氫結合互相聚集而成（參照4-3-3）。

- -

解　說

　　在此對氫結合究竟是什麼結合，簡短地加以解說。如果不想閱讀解說者，可跳過這一段，繼續往前閱讀。

　　氫具有特別的構造，即在其原子核周圍的軌道上只有一個

繞轉的電子。其特別的構造為產生稱為氫結合的根本原因。

　　無論那一種原子，其構成原子核的陽子（帶正電）數與在其周圍的軌道上的電子（帶負電）數相同（參照4-1-1）。因此原子本身電氣上並不偏於那一方（即並無正或負電）。

　　然而氫原子與別種原子形成共有結合，就只有一個電子要使用於結合。如共有結合的對象的原子是具有很強的吸引周圍電子的力量（負電性很強）的氧原子（陰電性度3.5）或氮原子（陰電性度3.0），則由氫原子（陰電性度2.1）連共有結合所供出的電子，整個被氧或氮的方向所吸引。結果導致氫會變成易失去電子的狀態，而原子核會成為暴露的狀態，所以會顯出陽子的電氣的特性而變成微弱的plus（＋）（正電）。這個狀態以$\delta+$來表示。另一方面，本來屬於氫的電子被氧或氮的方向所拉去，氧原子或氮原子會比被原來的形態多擁有電子的結果，因此會顯出minus（－）負電的狀態。這狀態以$\delta-$表示。在$\delta+$與$\delta-$之間會有靜電的吸引力作用。這樣的互相吸引的力量為原因就生成氫結合。

　　其次考慮屬於第1分子與第2分子的2個氧原子，如果中間挾著氫原子會變得如何呢。2個氧原子都呈δ^-，在中間的δ^+的氫原子，擬以靜電加以吸引，所以在3個原子之間產生微弱結合力（圖5-2），則將氫原子（δ^+）挾在中間，擁有氧原子（δ^-）的2個分子間會靠近，生成微弱的結合狀態。在這種狀態下，就形成分子間的氫結合。代表性的氫結合之一以點線表示如圖5-3。

第一分子 $O^{\delta-}-H^{\delta+}$ //// $^{\delta-}O-^{\delta+}H$

靜電性的吸引

$N^{\delta-}-H^{\delta+}$ //// $^{\delta-}O-^{\delta+}H$

構成生體的分子有如氧原子（O）或氮原子（N）的電氣陰性（吸引電子的力量強度）大的原子較多，對O或N，氫原子（H）共有結合，則屬於H的唯一電子會被O或N吸引過去。這結果是與H共有結合的O或N電子會稍多存在，所以電子的性質（－）會顯現出來成為$\delta-$。相反地，H的電子會稍微少一點，所以其原子核的陽子（＋）的特性稍微顯現出來而呈$\delta+$。互相接鄰的分子中亦有$\delta-$狀態的O或N，如在其中間加入$\delta+$狀態的氫原子，會排列為$\delta-$，$\delta+$，$\delta-$，則會產生靜電性的相吸引（////）。這就是氫結合。

圖5-2　發生氫結合的機構

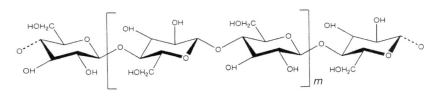

圖5-3　葡萄糖的聚合度2m＋2的纖維素分子的構造

引用自高橋亮、平岩雄介、西成勝好，*Foods Ingredients J. Jpn*，第208卷10號，82頁（2003）。

　　氫結合的結合力比較碳原子們的共有結合只有約30分之1而已。然而巨大分子間的多數氫結合可以形成，就成為頗強的分子間結合力，成為聚合密切的力量（**圖5-4**）。

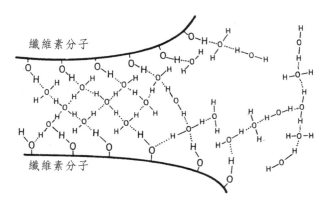

a.在2個纖維素分子間相當多的水分子存在者……氫結合呈現不規則狀態

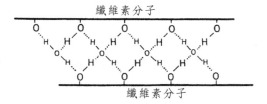

b.在2個纖維素分子間有水的單分子層，介由此層成氫結合者

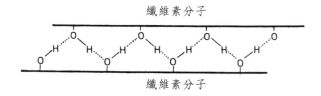

c.完全失去水分子，在2個纖維素分子間直接發生氫結合者
O……H表示氫結合

圖5-4　在纖維分子間所發生的氫結合的狀況

引用自町田誠之，NHK市民大學講座「紙與日本文化」，36頁（1988）。

要將分子level（等級）聚合密切的部分，給與流動化，就要讓產生結合的分子構造給與變化。產生氫結合的是在相對連鎖狀巨大分子向上下突出的羥基（－OH）（參照4-2-13）。對這羥基增加化學修飾（對構造的一部分給與附屬品），不是相向吸附，而讓其容量互相滑動，或變成可互相反彈的構造即可達到這目的了。在做不使靴底滑行的地板上，如果在表面塗以油脂即很容易滑倒是同樣的原理了。木質素也帶有羥基，所以如果做相同的修飾處理其特性就會改變。

　　關於木質素纖維的羥基如何化學修飾，要瞭解需要高度的化學知識。做為通識教育的一般自然系課程，不想加於深入探討。經過修飾的木質素纖維，其特性就與木材完全不同了。誰都知道具有固體硬度的玻璃在被加熱後，漸漸軟化而能被加工成各種形態。同樣地，被修飾的木材經加熱就顯出流動性，出現容易加工成型的特性。成型後給與冷卻就恢復到原來的堅硬。這種木質系塑膠可替代石油系塑膠，做成容器或盤皿等利用做身邊的生活用具。

5-2　自木質素分離纖維素、半纖維素

　　紙張被用做包裝用材，或文字的記錄或由印刷傳遞新聞等被廣泛地應用。現在使用的紙張多以木材為原料的洋紙。洋紙是自木材除去木質素（lignin），在水中分散的纖維部分（纖維素與半纖維素部分）薄薄地均勻塗布，再一口氣脫水、乾燥所成者。

　　從以木質素為接著劑而與纖維素與半纖維素成一體化的木

材，除去木質素，需要很大的熱能（energy）才能辦到。碎片（chip）化的木材與化學藥品混合，以高溫蒸氣長時間加熱，把木質素部分加以溶解（蒸解）。在此使用的化學藥品是將硫黃（S）在空氣中以氧氣（O_2）燃燒（硫磺與氧氣化合的現象中，化學界就稱謂氧化）時所生成的亞硫酸瓦斯（SO_2），將其中和的亞硫酸鹽，與木材一起蒸煮就生成稱為亞硫酸紙漿（pulp）的紙張原料（**圖5-5**）。硫磺最後被還原（還原是表示為氧化的相反。在此將其認為與氫化合的現象即可）的硫化氫（H_2S）與苛性鈉（氫氧化鈉，NaOH）混合的水溶液中蒸解而得到的製紙原料就被稱為牛皮紙漿（craft pulp）。

製造亞硫酸紙漿所得到的木質素稱為木質素磺酸（lignin sulfonic acid）。它被用做製造香草精（vanillin）〔vanilla essence（香草香料）的化學名〕的化學原料，或做為水泥的分散劑。日本的亞硫酸紙漿的生產量少，所以要靠進口來滿足需求量。製造牛皮紙漿（kraft pulp）所排掉的木質素，到目前為止尚未開發出做為多方面的用途，所以大部分被濃縮後，在紙漿製造工廠當做蒸解用的燃料使用（參照5-5）。

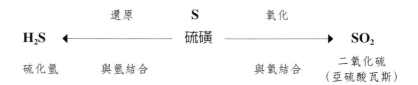

圖5-5　以蒸解木質素為目的所使用的硫磺化合物

5-3　將纖維素化學修飾開發新用途

　　構成纖維素的葡萄糖，如果以舌頭舔，則只有甜味而沒有酸味，因此並不是化學上所謂的酸性物質（以專業的表現，溶於水時解離H^+的物質）。葡萄糖不像小蘇打（碳酸氫鈉）有含在嘴裡就想吐掉（感覺不是正常的食物）的惹人厭惡的味道，因此也不是化學用詞稱為的鹼性物質（用專業的表示，可接受H^+的物質，例如OH^-）。如此既不是鹼性，也不是酸性的物質，就是中性物質。纖維素為中性是因為葡萄糖多數連結所成，所以呈中性。

　　巨大分子的纖維素為中性，但構成單位（單量體subunit，參照4-1-9）為葡萄糖，連接的每個單位葡萄糖，平均具有3個羥基。因此巨大分子的纖維具有多數的羥基。對這羥基要加以化學修飾是輕而易舉，修飾的程度也可以任意地加以調節。羥基（共有結合部分以－來表示則為－O－H，將其省略就可寫成－OH）的氫部分（－H），可用醋酸（CH_3－COOH：食醋的主成分）的構造中的的CH_3部分（化學上稱謂methyl基）的一個氫除掉的構造形式來修飾，就成為－O－CH_2－COOH的變化後的纖維素。如此修飾的纖維素叫做羧甲（基）纖維素（carboxy methyl-cellulose, CMC, carboxy methyl化的cellulose的意思）。羧甲基（Carboxy　methyl基）〔1個氫與羧（carboxyl）基置換者〕。在水中與醋酸相同解離為－O－CH_2－COOH再變為－O－CH_2－COO^-與H^+。羧甲基化程度少的CMC還保留著cellulose（纖維素）的特性。這種纖維在其部分中顯出醋酸同類的酸的特性，所

以遇到鹼性物質（例如金屬離子）就會捉住它而中和（變成中性物質）。

　　高度的羧甲基化則$-O-CH_2-COO^-$的部分會多起來，所以互相反彈的力量會變強。如此就在水中不再採取如cellulose纖維的巨大分子間的密著結合狀態。這樣的CMC不具有不成形的糊狀。利用CMC不易被微生物分解的特性，應用於洗滌後燙衣服將其定形的洗衣糊的嶄新用途。

　　CMC亦被利用為食品添加物，因其呈糊狀且安定性高，所以也用於增粘劑、安定劑等。

　　化學修飾的種類頗多，持有各種用途的纖維素衍生物，在日常生活中被廣泛應用。羥基以醋酸（acetic acid）酯化（esterification）（參照4-1的解說）被稱為acetyl化（乙醯基化，acetylation）。將纖維素乙醯基化的acetyl cellulose（醋酸纖維素）的結成幾毫米的纖細束狀者，則被利用於香菸的濾嘴。

5-4　加水分解纖維素、半纖維素做為糖資源

5-4-1　木質纖維素的前處理

　　堅固組織的木材，如要直接拿來做化學資源利用即有困難。現在做為化學原料資源最被大量利用的是石油，如果要利用必須先將原油以不同沸點分餾（前處理），才能做為化學資源加以利用。代表性的生質能源的木質系生物資源（參照3-3-4），也要經過適當的前處理過程，才能打開做為化學資源的有效利用方法。石油的精製過程稱為refining（精製），石油的全

部的利用系統稱爲oil（石油）refinery（精製）。借用這概念與用辭，以生物資源爲原料，將其以分離、精製、變換技術驅使其生產成爲基幹化學製品（泛用原料）與熱能（energy）的系統（system），以「Biomass refinery」的用辭來表示（**圖5-6**）。

在廣泛瞭解全部system（系統）前，要著眼於前處理法（**表5-1**）。

機械處理　在圓盤上以適當的角度附上巨大且堅韌的刀具刃的機械回轉，將木材以機械將其打碎成碎片（chip）的方法，即將其想做木材削切或裁斷的方法即可。再將此chip打碎成更細的微粉末的方法稱爲粉碎，如有以鐵槌敲打的反覆衝擊的各種粉碎機。chip如預先給與凍結就失去柔軟性，所以受到較強的衝擊，即可以在短時間內完成粉碎處理。也有利用石臼磨粉的原理的磨碎解纖裝置。

物理化學處理　含有水分的食品如想要從其內部加熱即可使用家庭用微波爐了。依同樣的原理，以微波照射，即可在短時間內提高中心部溫度，這已廣泛被應用了。

表5-1　對木質系資源的各種前處理法

物理的組織破壞	削切裁斷、磨碎
物理化學的組織破壞	高溫蒸煮——瞬間釋壓（爆碎）、微波加熱
化學的分解	酸（硫酸、鹽酸、亞硫酸、磷酸等）
	鹼（氫氧化鈉等）
	氧化劑（臭氧、過氧化氫）
	有機溶媒（酒精、丙酮等）
生物學的分解	繁殖菌絲、加水分解酵素

（將上述方法複合以提高效率等做各種處理）。

生質能源利用科學
Science and Technology of Biomass

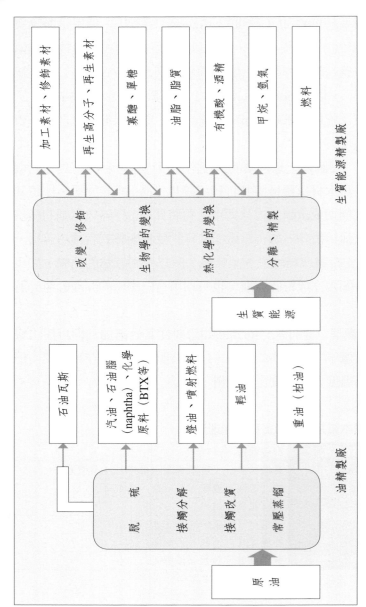

圖5-6　油脂精製廠與生質能源精製廠

引用自鍋島誠泰，《現代化學》，第391號，66頁（2003）。

要將堅硬的組織一下子鬆解的方法，以爆碎最有效且已很普及了。原理是以吸收水分的米為原料，做成爆米花甜點，或與做爆玉米相同的原理，將含水分的原料加熱至高溫高壓後，瞬間恢復到常壓，則以高壓封閉在裡面的水分會一下子變成水蒸氣，由其膨脹力的作用，破壞堅硬的組織。

化學的處理　有從20世紀初就被採用的方法，到比較新的方法等種類頗多。酸處理法是在硫酸、鹽酸中加熱使木材分解的方法，自古就被採用。酸可簡單地將纖維素或半纖維素分解成單量體subunit（次單元體）的糖（木材糖化）。如再繼續加熱即所生成的糖會進行二次分解成為稱為furfural（糖醛或呋喃甲醛）的物質。成為問題的是在哪一階段停止，將目的物質有效率地獲得，使用於加熱分解的容器要選什麼材質者較適宜等。農產物產量很大的美國，以農作物未利用部分（例如小麥草、玉米稈等）如何生產糖為目的，進行很活躍的研究。

其研究包括以跟木質素化學構造類似的酚（phenol）類，或用鹼（alkali）（強鹼性物質）的方法，使用臭氧（ozon）或過氧化氫（H_2O_2）等的氧化物，以乙醇（酒精）的有機溶媒的方法等，研究都在進行中。

5-4-2　由加壓熱水的水熱分解

結合單量體subunit（次單元體）的模式，可推定為伴著除去水分子的脫水縮合的結果。因此在其結合部位添加水分子，則可恢復到原來的單量體subunit。這樣的分解反應稱為加水分解。做為提高加水分解速度的觸媒，廣泛地使用酸或鹼。這一部分已在5-4-1的化學處理中述及。

物質在分子與分子間，或構成分子的原子與原子間，不斷地振動。這振動在溫度高的環境會變大。測定振動的大小就可知道其溫度，所以振動的大小與溫度之間有密切的關係（參照4-1-2及4-1-3）。在次單元體中具有多數脫水縮合構造的纖維素，隨著溫度的提高，其次單元體間的振動也趨於激烈化，距離會變大的機會大到切斷結合。在次單元體間的結合距離充分變大時，如旁邊有水存在時，容易產生加水分解。以家庭用壓力鍋烹飪時常有的經驗，在壓力高的環境下，水的沸點會升高，食材的組織會在短時間內煮爛（變軟）。同樣在充分加壓的熱水中，放進纖維素時，不管有無觸媒（提高反應速度的物質），會迅速地加水分解為單量體次單元體的糖。

　　將熱水溫度提高至270℃附近，纖維素即會軟化，更高的溫度下就急速進行加水分解。在幾分鐘內，纖維素就變成葡萄糖與寡醣（oligo醣）（oligo是表示幾個至約10個的意思）。然而也已知有幾個缺點。在高溫的水，其水分子（HOH）會裂解為H^+（氫離子）與OH^-（氫氧化離子）（**圖5-7**）。這表示酸（H^+）與鹼（OH^-）的混合存在（參照5-3）。由纖維素加水分解所生成的一部分葡萄糖，如曝露在酸裡面則二次分解成為furfural（呋喃甲醛，糖醛），如在鹼中曝露則無法避免成為果糖（fructose）。可將大量木材在高溫高壓處理的工業用連續處理裝置能否被開發出來，是還有待開發的技術問題。

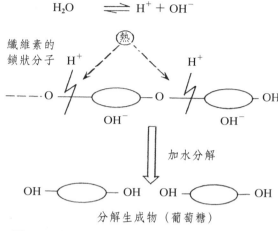

$$H_2O \quad \rightleftharpoons \quad H^+ + OH^-$$

圖5-7　由加壓熱水的纖維素的高速加水分解

引用自坂木剛，*BIO INDUSTRY*，第15卷，第10號，10頁（1998）。

5-4-3　纖維素酶（cellulase）（具有提高纖維素的加水分解機能的生體觸媒）

　　動物的胃腸所分泌的的消化液中，並不含有加水分解纖維素的酵素（cellulase）。專靠吃草或樹葉維生的野生牛或山羊等，在其食道的第一胃中，讓會生產纖維素酶的微生物存活（共生），所以能將吃進的植物消化爲營養物質。微生物的一種黴菌或茹類也靠枯葉或木材爲營養物質來維生，所以也必須生產纖維素酶。將這些生產纖維素酶的微生物，以人工大量增殖，生產纖維素酶，將其利用從纖維素生產葡萄糖的研究，正在被研究中。

　　地球上的生物資源中，纖維素的產量最多。因此可推想欲將纖維素分解爲自己的營養物質的微生物也一定甚多。尤其是菇類中，被認知的木材腐朽菌（例如香菇菌）最多。因此，使用菇

類菌絲體高效率地生產纖維素酶的嘗試頗多。然而在自然界，菇類的發菇次數，在一年之間只有2至3次，所以實際上只能期待符合其次數的纖維素分解速度。

纖維素酶的一般特性是產生葡萄糖，然而在其濃度增加到某程度後，做爲酵素作用的機能（活性）就會降低（**圖5-8**）。這個特性對擬自纖維素大量生產葡萄糖的人類來說，並不是願意看到的一件事。對於生存於污水潭池中，包括在嫌氣條件下分解纖維素的細菌或菇類以及各種微生物中，嘗試抽出並精製纖維素酶而加於瞭解其構造與功能等研究正在進行中。酵素主要由蛋白質所構成，構成要素則單量體subunit（次單元體）爲20種的胺基酸。從末端由什麼胺基酸以什麼順序結合加於解析，則其胺基酸排列順序的比較檢討也正在進行中。利用其解析結果，擬以遺傳

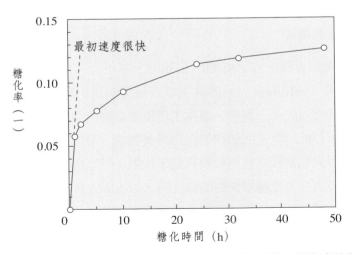

圖5-8　以纖維素酶處理未處理的纖維素，其作用時的糖化率的變化

引用自速水昭彥，《生質能源——生物資源的高度利用》，61頁（1985）。

工學技術（蛋白質的胺基酸排列順序會在基因中以暗號寫成）合成纖維素分解活性高，且不會產生由葡萄糖引起阻礙的人工纖維素酶。基因的物質本身的DNA（desoxy-ribo nucleic acid，去氧核糖核酸），只由四種鹼性物質的配列順序來暗號化的物質。將此鹼性物質的配列順序加於解析，將其配列的一部分以人工去除或加以改變，變成與原來的蛋白質的特性完全不同的「人工」蛋白質，即擬以人工由生物生成的技術與方法為將其開發的構想。

5-4-4　利用糖的化學反應性生產化學原料

葡萄糖的分子式以$C_6H_{12}O_6$表示。其原子組成改寫就是$C_6(H_2O)_6$，表示碳原子（C）6個與水分子（H_2O）6個聚集構成1個葡萄糖。同樣構成半纖維素（hemicellulose）的5碳糖（由5個碳所構成的糖分子，如以原子的組成比表示，則是$C_5H_{10}O_5$，或$C_5(H_2O)_5$。葡萄糖與5碳糖的原子組成，如整理表示就是$C_nH_{2n}O_n$或$C_n(H_2O)_n$。葡萄糖是n6，5碳糖為n5。同樣如考慮碳數為3個的糖（n3）即為$C_3H_6O_3$，這與乳酸（$CH_3-CHOH-COOH$）的原子組成相同。由此可推想，如將葡萄糖分割為二，即可變為乳酸（參照4-2）。實際上，將葡萄糖放入鹼溶液中，在室溫反應，即得到收率約60%的乳酸。

同樣以酸或鹼為觸媒，將糖給與反應的簡單手續，即(1)分割糖分子的反應；(2)分子與分子之間所產生的氧化與還原反應；(3)在一個分子內產生氧化與還原的反應等，就可生產好幾種化學原料。如此，巧妙地利用糖所擁有的反應性，就可得到好幾種化合物（參照5-4-2）。將這些基本重要的化學原料做為化學原料的新化學反應工程，如能發展則可擔負生物精製工程

（biomass refinery）的一端（**圖5-9**）。

5-4-5　將微生物所擁有的機能附屬於糖做為化學原料

　　高糖濃度的葡萄果汁，由酵母菌發酵就隨著乙醇（ethanol，酒精）濃度提高，糖濃度會減少。葡萄果汁中含有約20%的葡萄糖（glucose）的原子集合比率爲$C_6H_{12}O_6$的化學構造秩序（參照4-2-11）。這葡萄糖分子被酵母菌分割爲2個酒精分子$CH_3-CH_2-OH(=C_2H_6O)$與2個二氧化碳分子（CO_2）的小分子。此時放出的結合熱能（energy）被應用於酵母的生活（參照1-6）（**圖5-10**）。將酒精以硫酸接觸去除水分子（脫水）就生成乙烯（ethylene）（$CH_2=CH_2$）。乙烯是現在的石油化學工業的基幹（基本重要）化學原料。只要其生產價格能相當於化學原料，就現有的以乙烯爲出發物質的生產設備與生產技術均可有效地加於利用。

圖5-9　由糖類以one-pot反應所能得到的化合物

引用自田嶋聖彥，《*Bioscience*與*Indutry*》，第56卷10號，671頁（1998）。

碳數5或6所構成的各種糖類，由微生物（主要為酵母）的分解作用，最後分解生成酒精（乙醇）與二氧化碳的現象。

隨著分解反應放出的熱量（energy）的一部分，被使用為微生物的生活熱量。酒精具有抑菌、殺菌力。

例：$C_6H_{12}O_6 \longrightarrow 2CH_3CH_2OH + 2CO_2 + $ 生活熱量（energy）
　　葡萄糖　　　　　　乙醇　　　二氧化碳　　分解時放出的部分熱量

圖5-10　酒精發酵的基本原理

　　將一種嫌氣性細菌作用於葡萄糖就可變換成丙酮（acetone）（$CH_3-CO-CH_3$）與丁醇（butanol）（$CH_3-CH_2-CH_2-OH$）。丙酮為可溶解有機化合物的有機溶媒，同時也易溶於水，所以用途很廣。丁醇以化學合成法，將其二個結合起來，就成為汽油（gasolin）的主成分。日本在二次大戰中，以這方法做成人工汽油使用為飛機燃料。嘉義市的石油公司的嘉義溶劑廠在二次大戰中，就以甘藷等為原料，以發酵法做丁醇專供為軍用。

　　在污泥蓄積的沼澤或池塘中，常看到由水池冒出氣泡的現象。這是由於植物組織被加水分解所成的葡萄糖等有機物，受到多種微生物的連續作用，變成甲烷（methane）（CH_4）與二氧化碳的氣體浮上來的關係。瓦斯狀的甲烷直接可做為燃料使用。現在有些養豬場就將豬糞尿收集起來，讓其在密閉槽中發酵，產生的氣體則可做為燃料使用。甲烷會部分被氧化生成 methanoi（CH_3-OH）（甲醇，木精）為有機溶媒，最近亦做為燃料電池用的液體燃料而受到關注。甲醇類似乙醇（酒精）（**圖5-10**），所以也常被私酒製造業者誤為酒精，添加於私酒而發生中毒事件。由於溶在水中或分散或沈澱其中的不特定的也很低濃度的生物資源，由微生物分解消化而產生甲烷，所以甲烷也被稱

為biogas（生物資源瓦斯）。biogas的生產（甲烷發酵），對從食品工業關聯的工廠排出的廢水處理時，可產生燃料用瓦斯的方法，被廣泛地利用。

5-5　木質素的新用途

做為紙漿（pulp），製紙工廠的副產物，大概可產出纖維素重量的一半量的木質素（lignin）。從亞硫酸紙漿製造所出來的木質素磺酸（ligninsulfonic acid）其產量都有全部被用掉的用途，由牛皮紙紙漿（craft pulp）所得到的木質素即做為紙漿製造用的熱源使用（參照5-2）。以化學原料的立場看木質素的化學構造時，因含有石油中含有的苯（benzene）（C_6H_6）含有稍微加於變形的衍生物的酚（phenol）構造（C_6H_5OH），因為用途頗多，所以頗有魅力。因為酚為塑膠的基本原料，所以從前被想及木質素是否可以做為塑膠的原料使用。然而木質素並非純粹的酚，所以其開發很久以前，就被迫停頓。進入21世紀後，這領域遂有新活動，所以僅對重點加以介紹。

從牛皮紙紙漿製造所生成的木質素熱熔融，經總紡絲後在氮氣流中，一邊防止氧化，一邊加熱，就成為碳纖維。以此方法得到的碳纖維比市售品其強度稍劣，所以只被應用於不需強度的用途。其中之一就是淨水器的利用。在世界的水資源問題愈來愈嚴重時，支持淨水器機能的碳纖維可免除資源不足的煩惱，不也是一大喜訊嗎？

木質素與聚乙烯二醇（polyethylreneglycol）交互架橋的聚合體（polymer）具有容易吸收水與水溶性有機溶媒混合物的特

性。在其他聚化體不能找到這種吸收混合物而膨潤的特性。現在
正在進行將這現象巧妙地加於利用的用途研究（**圖5-11**）。

　　雖然不是做為化學原料的用途，對食品生產方面也正在開
發頗有趣的用途。將木材腐朽而成長菌絲的菇類中，有腐朽後的
殘渣呈白色者。這種菌稱為白腐菌，而將木材中的木質素利用做
主要的營養源，而吃完後剩下纖維素。具有白腐化特性的菇類在
人工栽培時，在其養菌床混合木質素，則可提高其收量。

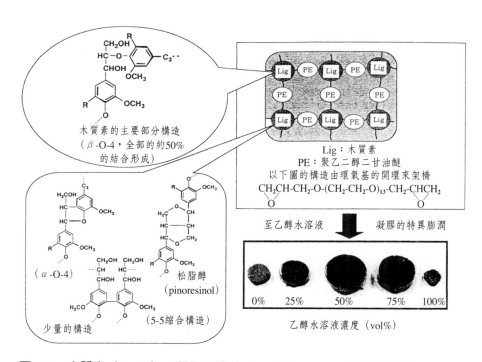

**圖5-11　木質素（lignin）、聚乙二醇（polyethylerne glycol）互交架橋
的聚合物的膨潤**

引用自浦木康光，《化學と生物》第41卷，第12號，784頁（2003）。

第6章　生質塑膠（Bioplastic）

前　言

　　人類的歷史，可以由所使用工具的材料來加以區分。從石器時代、青銅器時代、鐵器時代到現在，究竟要稱爲鐵器時代或塑膠（plastic）時代，意見分歧。可見塑膠做爲人類生活用具的材料，占了頗重要的地位。現在所使用的塑膠，大部分是以石油爲出發點的石油化學製品。這石油爲有限的資源。其埋藏量已多半被消費了，據推測到了21世紀中期將被用完。如此即將來的塑膠原料只能求諸於生質能源了。

　　塑膠的方便性主要是量輕、加工性佳、堅固、經濟性等。其中至少經濟性會隨著石油的枯竭而消失。過去因爲不虞腐敗、不會生鏽而加以利用，其便利性爲被舉出的一種特性。

　　然而隨著在環境堆積如山的廢棄塑膠製品，因其爲人工物質，在自然界不被分解的特性，反而被視爲大缺點且污染環境。因而丟棄在自然界，就會被微生物慢慢分解的生分解性塑膠，被大家所關注。如果塑膠的原材料爲生質能源，就在自然分解的階段不會產生環境污染物質。在分解的最後產生的二氧化碳也會被植物所吸收而再生或成爲生質能源。

　　已經在5-1介紹對木質纖維素施以化學修飾賦予熱流動性就成爲塑膠。這種塑膠以纖維素、半纖維素，木質素的複合體爲原料所製成，所以有不具透明性的缺點。在本章對於現在廣泛使用的石油系塑膠同樣具有透明性與彈性，更具有生分解性的生質能源由來的塑膠開發狀況，加以介紹。

6-1　將微生物的貯藏物質做成塑膠使用

　　要生產具有透明性且有適度彈性的生質塑膠（bioplastic），首先要獲得純度比較高的生質來源的原料物質，更要在生質能源加工的過程中容易精製，始能得到高純度的原料物資。

　　植物以二氧化碳與水為原料，由光合成生產葡萄糖，將其變換為澱粉做為貯藏營養源。同樣對微生物給與必要量以上的營養源，微生物會將其變換為對微生物最容易使用的物質而貯藏。這種貯藏物質的種類是肝醣（glycogen）或脂肪（**圖6-1**）。

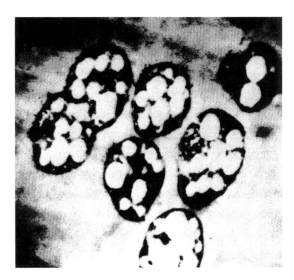

圖6-1　在細菌*Alcaligenes eutrophus*的菌體內可觀察到結晶的**PHB**
　　　　（白色粒子）

引用自岡村圭造，《化學與生物》，第32卷，第9號，609頁（1994）。

細菌（bacteria）中有以聚多羥丁醇酯（poly-β-hydroxy butyrate, PHB）為貯藏物質的種類。在培養細菌時選擇適宜的條件即可將其蓄積量達到細菌乾燥量的80%以上。最具魅力的是在此菌體內蓄積的PHB，以化學的立場來看，可造成純度甚高的結晶。

解　說

為了對PHB有進一步的瞭解，稍微對化學知識與約定加以說明。不想做深入瞭解者可跳過這一段，繼續看下去。

PHB是4個碳原子具有成直線狀共有的骨骼（−C−C−C−C−）。附在末端的碳原子之一，被最大限的氧化即顯示酸（acid）的特性，即變成羧基（carboxyl group）（右端的碳則為−COOH，左端的碳原子即為HOOC−）時，其分子的名稱為○○○○acid（○○○○酸）。在○○○○的部分就要填入互相結合的所有碳原子在周邊只結合氫原子的化合物（烴，碳氫化合物，hydrocarbon）的物質名（名詞）的形容詞。碳原子4個以直線結合者，其碳骨骼的周邊結合的對象都是氫原子的分子（CH$_3$−CH$_2$−CH$_2$−CH$_3$），而被叫做丁烷（butane）。丁烷被利用在用完即丟的打火機（lighter）的燃料或冰箱的冷媒，出現在我們身邊的日用品中。丁烷的末端的碳，如果是羧基（carloxyl group）時的構造，就是丁酸（butyric acid）了。化學上的約定是鄰近於羥基的碳原子被稱為α族，再結合其鄰近的碳原子則稱為β碳。

$$HOOC - \overset{\alpha}{CH_2} - \overset{\beta}{CH_2} - CH_3 \text{ 或}$$

$$CH_3 - \overset{\beta}{CH_2} - \overset{\alpha}{CH_2} - COOH$$

　　結合在丁酸的 β 碳的氫原子2個中，有1個與羥基（-OH）置換，則成為 β -羥丁酸（ β -hydroxy butyric acid）。在中文裡，氫（Hydrogen）與氧（oxygen）的基（group）-OH稱為羥基（hydroxygroup）。Poly表示多數。酸（acid）被中和或與其他化合物結合則失去其做為酸的特性（參照5-3），而以-ate代表acid。很多（poly） β -hydroxy butyric acid結合成連鎖狀伸展就稱為poly- β -hydroxy butyrate。做為基本單位的 β -hydroxy butyric acid，在一個分子中擁有羥（氫氧化）基與羧（carboxyl）基。其化學構造就是以一種分子能結合為連鎖狀的關鍵點（key point）。羥基（hydroxy group）與羧基（carbonyl group）容易脫水縮合形成酯（ester）類。

$$\text{Ⓐ} - OH + HOOC - \text{Ⓑ} \rightarrow \text{Ⓐ} - O - CO - \text{Ⓑ} + H_2O$$

　　如有這些基本知識，看了PHB的簡寫也可以瞭解這物質的大概。PHB由多數酯（ester）結合成巨大分子，所以被稱為聚酯（polyester）的物質群的一種。

- -

　　PHB為細菌的貯藏營養物質，所以離開人的手中進入自然環境就成為多種多樣的微生物的營養源，具有會被慢慢分解消失的特性。從化學的立場來看，在微生物細胞內已構成結晶即純度那麼高，所以自石油以外的原料〔葡萄糖以外的sucrose，食用的

蔗糖的化學名，或甲醇（木精）等〕，比較容易獲得的塑膠原料。1980年代為世界最初被實用化的生分解性塑膠，而被大幅報導，有廣泛做為洗髮精容器使用的實績。然而站在廣泛使用的塑膠所被要求的特性角度來看，PHB的成型性或機械強度（尤其破壞伸展性）稍嫌不足。為了補強這缺點的目的，有了各種考案。這些考案中有選拔PHB生產菌株，選擇培養菌體的條件等。

以選擇培養條件為例來加以解說。在微生物的培養液中添加與PHB的構成單位 β-hydroxy丁酸（碳數4的化合物，C4）的化學構造相似物質（例如碳數5的化合物，C5），則n個C4會成為polymer（聚合體）的部分與C5m個的聚合體部分會交互排列以－(C4)$_n$－(C5)$_m$－表示的co-polymer而在菌體內蓄積。如此將複數種類的化合物混合的co-polymer（共聚物）形成後，其結晶性就減少了。在減少構成單位的混合中，以減少結晶性的程度，就相對可以彌補上述缺點。由於不斷試驗，做成C3至C6的單量體，將其做成co-polymer，在實驗室做成實驗用的約150種試樣。很遺憾的是在現階段，這些都比石油系塑膠價格高（2～3倍），所以尚無法急速普及。

6-2　乳酸菌廢棄物的乳酸可做成塑膠

β-羥丁酸（hydroxybutyric acid）在一個分子內具有羥基（hydroxy group）與羧基（carboxyl group），所以在鄰接分子間生成酯（ester）結合的連鎖構造，成為塑膠材料。在一個分子內具有羥基與羧基的化學構造者，已在有關乳酸（CH$_3$－CHOH－COOH）的章節加以說明（參照5-4-4）。由此可推測，將此乳酸

多數連結所製成polyester（聚酯，PET）就成塑膠了。

　　在不容易得到空氣的環境中，乳酸菌會將葡萄糖裂開為具有相同化學構造的2個分子（乳酸，$C_3H_6O_3$）。此時所放出的結合熱能（energy）（參照4-1-3及4-1-5）會轉換為生物最容易利用的熱能源（稱為ATP的化學物質）以維持生命及繁殖。由乳酸菌來看這好像是連結兩個車輪的車軸，由中間折斷而變成廢物。如果是廢物就與6-1所出現的PHB為蓄積營養源（保管於燃料桶的燃料物質），對於生物方面來說處理方法完全不同了。已經無用的廢棄物、乳酸菌就不必在菌體內部花費熱能（使用形成新結合所需的熱能）做成聚合體蓄積於菌體內的必要了。廢棄物則要排出於體外，始能準備進入下階段葡萄糖分解過程（**圖6-2**）。

　　與乳酸菌的菌體內部的體積比較，外部環境（培養基）體積大很多，因此將乳酸排出蓄積於外部環境（培養基），容易將乳酸濃度稀釋掉。對於想利用乳酸做塑膠的人來說，乳酸在菌體外部蓄積，對全蓄積量來說，具有比蓄積於菌體內部要大得多的優點。向外部環境（培養基）排出的乳酸經蓄積以後，培養基會偏向於酸性（由乳酸解離的氫離子H^+的濃度會提高（參照5-3及5-4），即會阻礙菌體的增殖與乳酸的生成。如碰到這種情形即添加中和劑（例如氨）以維持在適當的pH值範圍內，就可繼續生成乳酸。

6-3　如果製造聚乳酸就要借重化學方法

　　乳酸菌在培養液中增殖使葡萄糖轉換為乳酸，在五天內1公升的培養液中，最多生成150g的乳酸。培養液中含有乳酸菌生存

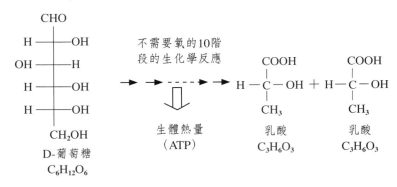

圖6-2　乳酸菌從葡萄糖生成乳酸的原理

與增殖所需的各種物質，所以要除去這些物質與水分，只蒐集純粹的乳酸才能得到聚乳酸。這分離精製就全面地採用化學的精製手段。

　　對於日本的某企業平凡的薪水階級研究員，在2002年有被授予諾貝爾化學獎的新聞，成了很大的話題。這企業走在世界的尖端，研究開發聚乳酸的製法。研究成果申請了多種專利，其價值與成就受到了肯定而獲得學會獎的榮譽。自參與研究的研究員等的公開發表中，簡單地介紹這聚乳酸的製法（**圖6-3**）。

　　將乳酸菌培養完畢的培養液以離心分離機除去菌體與不溶性物質。這上澄液中含有乳酸與做為培養液成分的添加金屬離子類。先將其通過充填鉗合（chelating，像螃蟹以2支剪刀挾住金屬離子的機能）樹脂，流出來的溶液放進雙重離子特殊交換膜與陽離子交換膜之中間，再從外側加靜電壓。在膜所挾的部分乳酸會殘留下來，在陽離子交換膜的外側會跑出使用於乳酸中和的氨。氨可再利用於乳酸培養液的中和。乳酸水溶液再通過陽離子、陰離子交換樹脂除去不純物後，加熱濃縮成為精製的乳酸。

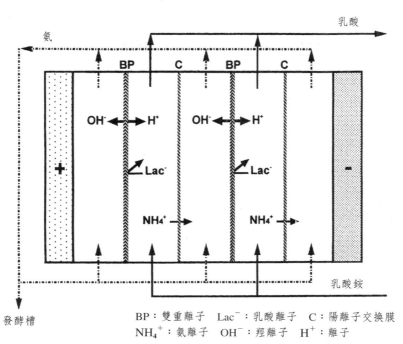

BP：雙重離子　Lac⁻：乳酸離子　C：陽離子交換膜
NH₄⁺：氨離子　OH⁻：羥離子　H⁺：離子

圖6-3　以離子交換膜精製乳酸的方法

引用自小原仁實、土井梅幸、大塚正盛、奧山久嗣、岡田早苗，《生物工
　學》，第79卷，第5號，142頁（2001）。

　　要將乳酸縮合成聚乳酸的化學工程有直接法與lactide（交酯）
法。如將其詳情加以說明就是觸及純粹化學的領域，所以在此將
其省略。做好的聚乳酸可媲美做為飲料用容器廣泛被使用的PET
瓶的原料，具有很優異的特性（**圖6-4**）。

　　做為生質能源的利用方法，此技術極為優異。但做為出發
物質的澱粉，很可惜在日本不能廉價獲得，這就是缺點。從全球
的立場，可以廉價生產玉米澱粉的美國占極有利的地位，據最近

的報告，日本最大的汽車製造廠商已買下這技術（專利），擬在印尼栽培甘藷以做為獲得澱粉原料的來源，從事於聚乳酸生產活動（**圖6-5**）。

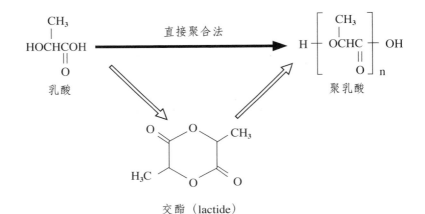

圖6-4 由乳酸合成聚乳酸的徑路

引用自川島信之、味岡正伸，《食品與科學》，1995年，11月號，第9頁。

圖6-5 由聚乳酸所製成的射出形容器在土壤中的分解

引用自小原仁實，《*Bioscience*與*Industry*》，第52卷，第8號，642頁（1994）。

第7章　非木材紙張

前　言

　　約一百六十年前人類才開始用木材製造紙張，因為當時印刷術已發達到可將多數書籍加以出版了。在此之前，在歐洲已將舊衣服的麻布或綿布裁斷製成紙張使用。

　　在日本則將成長快的楮（桑科的落葉亞喬木的樹皮做為日本紙的原料）、三椏（沉丁花科常綠灌木，樹皮的纖維可做和紙）、雁皮（沉丁花科常綠灌木）等取其嫩枝，將纖維密集的韌皮剝取精製做成和紙（日本紙）。現在全世界都使用由先進工業國從木材纖維所製成的洋紙（foreign paper），日本亦然。

　　製紙的材料只要產量豐富且容易取得即可，並不一定要用木材。到了二十一世紀，要抑制大氣中的二氧化碳濃度上限，其對策之一就是森林的保護。以此為轉折點，再興起利用木材以外的植物纖維為纖維素紙張原料的運動。現在在中東及遠東各國、印度或中國，都以植物纖維來製造大部分的日常使用的紙張，其總量可達世界紙張總量的數。很多世界的紙幣都以纖維長且強韌的非木材紙張所印製，這可做為打破過去一直相信製紙原料非用木材纖維不可的想法。

7-1　稻稈宣紙

　　到一九八〇年代到文具行就可以買到稻稈宣紙。現在能叫做文具店的店鋪已從街頭消失中了，想要購買稻稈宣紙也找不到這種店鋪了。

一般稱爲「草」的草木植物會在春天（熱帶是進入雨季）就發芽，夏季茂生至秋末（熱帶爲乾季）結束，以成長至最大的形態枯死。日本因高度經濟成長，紙張的需求年年增加時，卻迎接了一個變換期。製紙業界必須一年四季都供應原料與生產製品，所以避開在特定時期搬進的植物原料的貯藏、保管，可以整年平均進口的木材chip（碎片）做爲原料較爲有利。隨著高度經濟成長，日本人的膳食生活也西化，米的消費量與稻田面積年年減少，稻稈的生產量也減少。

　　稻稈宣紙是以日本原料供應最容易的稻稈爲原料所製成的紙張。一九七一年還利用十二萬三千噸的稻稈做爲製紙原料，但以後就每五年減少十分之一，到了約一九八五年竟減少至微量了。日本整個轉換爲重視生產效率的商業結構中，這是時代變化的必然結果。

　　另一方面，種稻農家在稻米收穫完成後，要儘早出外賺錢而且要賺進現金，所以都認爲燒掉稻稈比較省事。在追蹤這種農家生活的變遷，到農家推銷各種機器的廠商也隨著變化。推銷的機器也具備將稻桿割掉以後立即裁斷，直接混入土壤做爲有機肥料的機能。

　　在日本幾乎不再生產草木植物的紙張，如以世界規模來看，占了非木材紙漿全部（約兩千兩百萬噸）的一半，生產量每年都增加中。

7-2　可以利用的非木材纖維

　　人類維持生命時絕對需要的是水與糧食（參照1-8）。此糧

食的核心就是草木植物以光合成生產的葡萄糖變換成貯藏營養物的澱粉（參照4-2-12）。草木植物要貯藏爲下一次的發芽或初期發育所準備的營養物，就生產比其本身維持與生育所需更多的營養物質，並還要有將此營養物蓄積的器官。其維持與支持成長的器官就是莖部或葉子，貯藏器官就是穀穗或穀殼。莖部、葉子、穀穗、穀殼的基本構造是葡萄糖採取鋸齒狀構造聚合的纖維素（參照4-2-13）爲主要成分的木質纖維素（lignocellulose）。換言之，植物本身，營養物貯藏器官都是植物纖維的集合體（圖**7-1**）。

世界上最大量被栽培的穀類採收用草木植物是小麥，再下來就是稻米、玉米、黑麥（rye）、燕麥等。以穀類採收以外的目的被栽培的植物有甘蔗、棉花、網麻（jute）、亞麻、洋麻（kenaf）等。這些栽培植物的葉部或莖部的纖維都被做爲製造紙張利用。

7-3　廢紙製成再生紙

以木材爲原料的紙漿產業發展之前，無論在那一個國家紙張是很昂貴的商品。不將高價的紙張隨便丟棄，雖然有寫字的紙也用做包裝紙之用途。在日本和室的隔間所用的紙門（襖，日語讀爲Fusuma），爲了加強其堅固性，常糊以廢紙爲底紙。現代社會的紙張三大用途是產業（包裝紙，紙袋，紙箱等），文化（文字，圖表，繪畫，設計等），還有吸收（衛生紙，紙尿布，分析用紙等）。在「消費是美德」這一句話被歌頌的時代，被使用後就沒有再被利用的機會了。其中，至今被認爲幾乎不可能再

從雜草造紙
──想法與作法

木村光雄　三重大学教育学部教授
　　　　　雑草製紙研究会代表

從雜草造紙

木村光雄

木魂社

木魂社

圖7-1　從雜草造紙──思考與方法

引用自木村光雄著,《從雜草造紙》(1995)一書的封面。

利用的紙張用途是吸收。以這種目的紙張，被大量使用的是這二、三十年的事情了。吸水用的紙張現時變成生活必需品，尤其是年輕的一代更將其定位在絕對的日常生活必需品。因此紙張的消費量就增加這用途的份量了（**圖7-2**）。使用過的廢紙再給予製成再生紙的想法，從古代即有。因為墨或墨水（ink）無法完全洗脫掉就再製成再生紙，所以都帶有黑色。在江戶時代甚至有

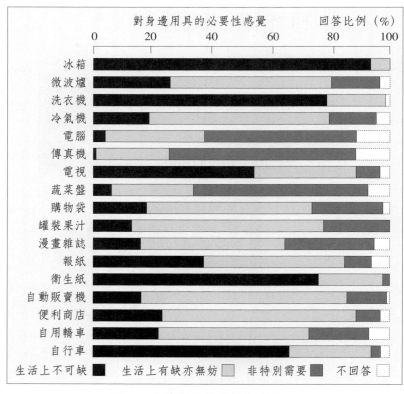

圖7-2 身邊用物的必要性感覺

引用自《朝日新聞》（晚報）1994年4月4日。

蒐集資產家在廁所用過的紙張回收做再生紙的職業。這種廢紙再利用的社會運動就是邁向循環型社會的「recycle（回收利用）」標語的模範了。

現在的日本，以自治團體為中心回收廢紙，而回收率達到約68%。廢紙再製後多用於辦公室為影印紙。順便一提的是從辦公室所製造出來的垃圾約75%為紙張，所以廢紙被定位為都市所產生的木質性資源（參照2-3-3）。國家與地方政府為了積極推行環境保護的目的，在文書影印時規定只能購買再生紙。從木材生產新紙漿時需要大量的熱量（energy）。據計算對一公斤紙漿需要約2,700大卡。相較下，如要從廢紙製造紙漿，同樣一公斤紙漿只需1,000大卡。只看這數字就明瞭使用再生紙的意義之一端了（參照2-3-3）。

7-4　不能做再生紙的廢紙纖維的利用

將廢紙回收利用生產為再生紙時，在其變化過程包括裁斷。為了保密不讓局外者窺知印刷記錄內容的目的要給予裁斷〔有時候要經過碎紙機（shredder）裁切〕。沒有必要保密的廢紙即為了使紙的纖維能迅速機械性分散，經過除去紙糊（size）（改善紙張適合於用途而添加的物質）、脫墨（除去印刷墨水）的過程，再為了做成紙漿順利進行的目的，而要給予裁斷。然而如果經過反覆幾次裁斷後，纖維的長度會太短而無法製造成紙張（參照2-3-3）。

過種短纖維，現在多被用於波浪形紙板的芯材，做為吸收衝擊的吸收資材，今後如累積太多就要另外找尋新用途。木質

素將纖維素與半纖維素粘著在一起成為強韌的木材（參照4-2-14）。模仿這原理，將製紙時所剩下的木質素以化學的活性化再固形化的加工技術正在發展中。被做成商品流通用的器皿（tray）或老人用簡易便器等用途。植物纖維是由單量體次單元（參照4-2-1）的糖做為熱量（energy）（參照1-2）連鎖所成構造（參照4-2-12）。不要浪費其結合熱量將其使用殆盡後，最後手段是加水分解，做為糖資源（參照5-4）利用。

7-5 竹紙

竹材向縱方向用刀剖開就可向垂直方向成為竹片。這是因為構成竹材的纖維素纖維的排列法是方向整齊的緣故。將竹材做為紙張原料的歷史頗為悠久。在台灣也從很久以前以粗紙的名稱將竹紙做為廁所用紙，其他至今尚以竹紙做為銀紙在拜神、喜喪事拜拜之用。現在竹紙在日本尚被應用於扇子或紙門的用途。這是模仿自中國傳來的厚且堅固的漂亮竹紙（唐紙）所做成的。中國率先世界，從紀元前二世紀時就開始製紙了。做為原料的纖維是來自孟宗竹的幼竹。在日本於1999年出版的書籍中，尚有號召以100％竹做的紙［take（竹）bulky］的印刷物。竹子在現在要說其為替代紙原料，更可以說是很優異的紙原料（**圖7-3**）。

竹纖維的長度在日本產溫帶竹為1.4～1.6mm，熱帶竹為2.2～2.4mm。這與赤松與欅樹的各為2.0mm與0.9mm比較則相當長了。溫帶竹的可溶性成分與半纖維素含量相當高，所以很難做為紙漿利用。但是熱帶竹卻是這些成分較少，所以適合做為紙漿原料（**表7-1**）。

將31件版畫與日英文散文，以100%由竹子造紙的紙張印刷的世界最初的書籍。被授與加州出版社協會獎的《Goddesses》日文版出版了！

圖7-3　由100%竹纖維所造紙的紙張印成的書籍封面

引用自小田眞弓著作，《女神們》，現代思想社（1999）。

表7-1　竹與木材的纖維長度與纖維比（長度與幅度的比）

竹的種類	纖維的長度（mm）	纖維比（%）
溫帶竹		
孟宗竹（日本產）	1.4	100
真竹（日本產）	1.6	115
熱帶竹		
Bambusa vulgaris（印尼產）	2.2	145
Gigantochloa apus（印尼產）	2.4	154
（參考）		
赤松	2.0	59
橅山毛欅	0.9	48
桉樹（*eucalyptus*）	0.5	—

※纖維比（長度／幅度的比例）

熱帶竹的種類超過500種，其中可直接做為紙漿原料利用的優良品種也不少。印尼從1969年開始設置竹紙工廠並已動工了。現在做為製紙原料的是自然竹，如要大規模地自竹來製紙就可能要造林。熱帶竹要做為安定的紙張，紙漿資源就需要砍伐後保證其再生產生。這方面的試驗數據尚未齊全。

　　從周邊環境可以觀察到，竹子的生長頗快，不到一年就可長成10公尺高。竹子的魅力是移植後短短的幾年就可收穫了。日本產的眞竹（苦竹）（溫帶竹）每英畝每年生產量為五至八噸，據估算熱帶竹的乾物量就為約30噸。熱帶竹並不適合以亞硫酸紙漿製造法，但可生產牛皮紙（kraft pulp）及紙漿（參照5-2）。每英畝的熱帶竹的生產量可達到同面積的北方林的紙漿生產量的25倍。

7-6　洋麻（kenaf）紙

　　日本人自1990年以後才開始對洋麻加以關心。政治家們意識到地球暖化的原因物質為大氣中的二氧化碳，而能將其吸收的是植物，然而求助於專家，學者如何以代替紙原料來削減木材消費量。專家學者給的答案是植物名為洋麻（kenaf），這名字被媒體大篇幅加以報導。

　　洋麻自古就在美國大陸北部被當成纖維原料的植物。其kenaf的名字是阿拉伯語的麻的意思，由此也可知道在非洲及其周邊這是被廣泛利用為採收纖維的植物。以後被引進美國大陸或歐洲做為有用植物，但幾乎不被介紹，就引進到日本。

　　洋麻為芙蓉科的一種一年生植物，長出類似秋葵的黃色花

朵。在熱帶地方生長期間長，所以在半年中就長到4公尺高，直徑達5公分，但在溫帶的日本只能長到約2公尺（**圖7-4**）。

生長後的莖部被切斷剝去韌皮，即可獲得全重量的約三成的韌皮。從這韌皮可獲得可耐摩擦或拉長的纖維。這種韌皮部分在北美洲則被用爲繩子或布料。從埃及出土的包紮著木乃伊的布料中發現這種纖維，由此可見從古代人類就懂得使用洋麻了。除掉韌皮的木質部也含有纖維素，但是因其纖維較短，不能利用其來製紙。然而如與韌皮纖維混合就可成爲很優良的製紙原料。

由洋麻做的製品已在日本國內出現。如注意在超市或家庭用雜貨品銷售店，則可看到原材料名表示爲kenaf（洋麻）的紙杯，紙盤等製品。

7-7　以收穫後的香蕉莖部製紙

從大氣中吸收二氧化碳機能很高的大部分熱帶降雨林，都存在於開發中國家。這些國家的國民因貧窮而不得不被迫來燒田園，或被迫以燃料不足等原因來破壞森林。在這過去三十年中，據說森林面積已減半了。除非援助這些開發中的國家，改善其環境、經濟、教育，這趨勢只會愈來愈惡化。

成爲熱帶降雨林地區國民的主食及主要外銷品的香蕉，果實收穫後剩下的莖部就讓其枯掉、被廢棄，其總量超過每年達十億噸。

在日本的沖繩縣（硫球），從前就以類似香蕉的植物——芭蕉的纖維製成芭蕉布而加以利用。最近的日本紙幣以香蕉的一種阿卡巴爲主原料做成，所以香蕉類成爲良質纖維的供給源。採

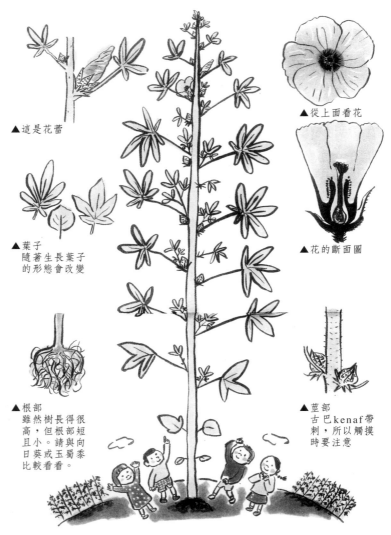

▲這是花蕾

▲葉子
隨著生長葉子
的形態會改變

▲根部
雖然樹長得很
高，但根部短
且小。請與向
日葵或玉蜀黍
比較看看。

▲從上面看花

▲花的斷面圖

▲莖部
古巴kenaf帶
刺，所以觸摸
時要注意

圖7-4　生長快的kenaf

引用自千葉浩三編，上野直大繪，《kenaf的漫畫書》，第6頁，1999，農
山漁村文化協會。

用這些方法，將遭到廢棄的香蕉莖部採收纖維素（cellulose）纖維做為紙原料的嘗試「Banana paper project」正在展開中，香蕉紙漿不只可以自發展中國家出口至先進國家，也可達成其紙張自給自足而節省輸入購買紙張的外匯，並有利於當地學童的教育所需的教科書或筆記本的用途。

7-8　以蔗渣（**bagasse**）製紙

在熱帶地區大量栽培的植物有甘蔗。將甘蔗的莖部壓榨除去糖液的殘渣稱為蔗渣。甘蔗（C_4植物）為典型的熱帶產植物，其光合成的方法與溫帶性植物（C_3植物）的光合成的方法不同。在高溫且有適度的降雨量、直射日光強的地區，C_4植物的光合成效率極高。

甘蔗是紀元前四世紀時，亞歷山大大王遠征印度時，士兵在印度（Indus）河的山谷間所發現。據說在六至七世紀就被利用於砂糖的製造。現在的甘蔗產地以熱帶亞細亞與南美各國為中心，而世界的總產量為約十二億噸。將成熟的莖裁斷，榨汁後的蔗渣量為兩億噸，乾燥後約為一億噸，大部分的蔗渣被用做榨汁液的濃縮用燃料。如將這燃燒部分轉用為紙漿的生產，則對資源的獲得幫助很大。

蔗渣纖維為0.5～2.5mm的長度，與木材紙漿的長度相似。蔗渣莖部周邊的緻密的纖維部分與中心部的柔軟難以成為紙張者，稱為木髓（pith）部分的混合物。蔗渣的用途是飼料、牆壁材料、牛舍的墊床料等為主，紙漿生產量被推定為370萬噸（1998年）。但做為非木材紙漿是僅次於稻稈紙漿的量了。蔗渣

紙的密度甚高，具有堅硬的硬度。在日本被用為型錄或名片用的
高級印刷用紙，在世界上有極廣的用途，也被做為教科書、衛生
紙等。

第8章　做為生質能源受限因素多的海產物

前　言

自石油、煤炭等化石燃料燃燒後所產生的二氧化碳產量，據估計換算做碳是每年5千兆公克，其中55.5%會殘留於大氣中。其餘的44.5%，相當於約2千2百兆公克的二氧化碳則被海洋或陸上植物所吸收。

溶於海洋約二氧化碳會由植物浮游生物（plankton）以光合成將其有機化，然後其中一部分由動物性浮游生物捕食，然而其中一部分動物性浮游生物會被魚類捕食。魚類的糞與所剩的浮游生物類形成大型粒子（marine snow）沉降，被深層水運走或堆積於海底。

如不注意可能會解釋為化石燃料使用得愈多，魚類會愈多，但是海洋中的魚類的增殖量與各種要素有關。尤其是人類的捕獲與自然環境的改變，再來是海水溫度與海流等有很大的影響。

8-1　反覆亂捕

自上古時代以來，魚類是人類的重要蛋白質來源。然而隨著漁具的發達，漁獲量接近增殖可能量，多種魚類的漁獲量逐超越了自然生態的增殖量。過去在北洋漁場過度捕撈鮭魚、鱒魚，肇因於國際條約設定了200海浬漁業專管水域（經濟海域）。現在有研究者憂慮以黑鮪魚為代表的鮪魚類可能因濫捕而會絕滅。世界的年間漁獲量，過去十年以上都在約九百萬噸上下，好像無望再增加了。

日本近海有暖流與寒流流過，也有淺海與深海。雖然對漁業具有優異的條件，但日本的漁獲量卻逐年在減少中（**圖 8-1**）。只聽到漁夫講「比從前更抓不到魚了」的嘆息聲留在耳朵裡。在秋田縣沿岸到了嚴冬，平常棲生於深海層的鱈魚會結群到沿海附近來產卵。因將其亂捕的結果，漁獲量激減。無論如何要阻止這問題再發生，因而斷然採取三年的禁捕措施，結果發現魚獲量顯然復活了。

　　人類俱有由過去經驗所累積的很多知識與想出新方法的智慧。然而將自然界施捨給我們的生物做為思考對象時，要將其活用的積極性不足。作為資源而言，可利用的漁獲量限界量已探到底了，如要考慮做為生質能源來利用，對象就要針對現在廢棄的加工殘渣為對象。將健全的生物共通持有的生體構成成分萃取加

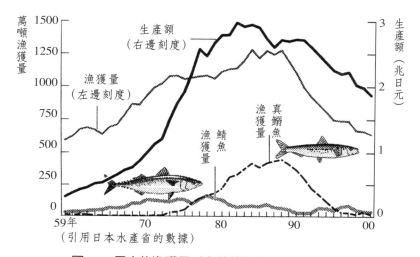

圖8-1　日本的漁獲量（含養殖）與生產額的變遷

引用自《朝日新聞》晚報版，2002年11月28日。

117

表8-1　世界的漁獲量（單位：千噸）

年份 國家	1990	2000	2001	2002	2003	%
中國	6,175	17,192	16,796	16,850	17,052	18.6%
秘魯	6,869	10,660	7,988	8,769	6,098	6.7%
美國	5,620	4,760	4,982	4,985	4,989	5.5%
印尼	2,644	4,164	4,309	4,400	4,732	5.2%
日本	9,767	5,109	4,837	4,494	4,709	5.1%
智利	5,354	4,547	4,031	4,515	3,930	4.3%
印度	2,863	3,726	3,817	3,745	3,698	4.0%
蘇聯	7,399	4,027	3,656	3,288	3,320	3.6%
泰國	2,498	2,997	2,834	2,842	2,817	3.1%
挪威	1,800	2,892	2,862	2,293	2,703	3.0%
菲律賓	1,833	1,899	1,952	2,034	2,172	2.4%
冰島	1,521	2,000	2,001	2,145	2,000	2.2%
越南	779	1,451	1,490	1,507	1,667	1.8%
合計	86,119	96,727	94,050	94,294	91,512	100%

據FAO Fishstat "Capture production 1950-2003"。海面與內陸水面下的合計。
※不含養殖業及其他。
「日本國勢圖會2006/7」引用自（財）矢野恒太記念會編集·刊行　184頁
（2007）。

於應用才是上策。

　　關於加工殘渣的利用，在本書專在第九章，對於蝦蟹殼所
萃取的幾丁質、幾丁聚醣的利用，加以討論。

8-2　海流與海水溫

　　到1970年代初，幾乎沒有漁獲的眞鰯（魚），在1985年前
後漁獲量增加至約400萬噸以上。然後漁獲量急遽減少，至2000
年時竟減至約10萬噸。

如此魚類中有些會在比較短暫的幾年中，漁獲量會遽增與遽減。眞鰮的漁獲量遽減時，海外竟有學者發表這是日本亂捕的惡果。但是日本的研究者有人有耐性地進行調查，將其經過大略給予介紹，以供深入瞭解海流與海水溫度對漁獲量的影響（**圖8-2**）。

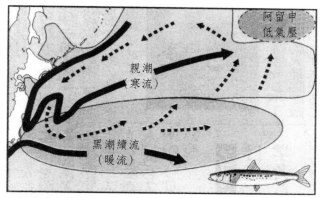

真鰮魚高水準期的海洋環境與回遊生態

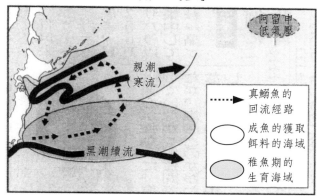

真鰮魚低水準期的海洋環境與回遊生態

圖8-2　真鰮魚的漁獲量與阿留申（Alutian）低氣壓、海流的關係

引用自《朝日新聞》晚報，2003年10月27日。

日本的近海有寒流的親潮（經過北海道東岸南下至本州東岸的營養鹽含量豐富的海流）與暖流的黑潮（由菲律賓至琉球，經九州，四國、本州的南岸地北上的海流）流過。眞鰛豐漁（收）期間，親潮流程會流到福島縣海邊，由此轉向東方到太平洋的遙遠地方。親潮南下到福島縣岸時，其與黑潮的接觸面會擴大。在其接觸面親潮所帶來的營養鹽類接觸到黑潮的暖和溫度，植物浮游生物會旺盛增殖。然而在眞鰛漁獲量低的期間，親潮只流下至三陸岸邊，在此點轉向至太平洋遠海，與黑潮的接觸面變小。

　　眞鰛的產卵場所是黑潮流過約九州至千葉縣的廣闊太平洋沿岸。孵化的稚（幼）魚主要以植物plankton（浮游生物）爲餌料（食物）。植物浮游生物直接利用太陽熱能（energy）增殖，其增殖速度由日照量與海水溫度，以及營養鹽類的濃度來決定。

　　在春天孵化的幼魚以沿岸的植物浮游生物爲餌料，乘黑潮的海流北上。其幼魚在生長至某程度之前，如曝露在低溫時就很快死滅。親潮南下至福島縣沿海而與黑潮混合，海水中的植物浮游生物的密度會提高，眞鰛會邊吃這些浮游生物，邊向太平洋擴大迴游範圍而成長。進入夏天長大的幼魚已可耐低溫，所以由此進入親潮流域中攝取豐富的餌料變爲成魚。

　　決定眞鰛漁獲量的親潮南下範圍並不是人力可決定的要素。又在日本列島的南岸的眞鰛產卵量，在豐收年與不豐收年之間可能無很大差異。由眞鰛的幼魚加工所得的鰛魚乾（白子）的價格在市場上年年並無大幅度變動就可得到證明。海流的流向與海水的溫度影響到做爲眞鰛幼魚的餌料的浮游生物的量與幼魚的溫度感受性的兩方面。將其內容以科學加以證明的日本研究人員，我們應該給予掌聲及表示敬意。

8-3 養育海魚的山上森林

　　面向海洋的陸地如不長樹林，則無海產生物可捕獲。在日本襟裳岬附近因砍伐全部原生林，所以強風吹起砂塵使海水混濁，海帶（昆布）被阻礙光合成，而無收穫（參照1-8）。關於這一點，有名的例子是上述地方的住民大家同心協力在陸上植林的結果，現在恢復了日高昆布的收穫（**圖8-3**），在陸上茂生了

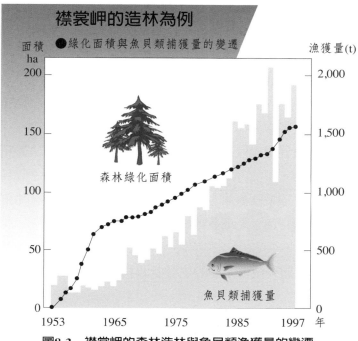

圖8-3　襟裳岬的森林造林與魚貝類漁獲量的變遷

引用自（社）國土綠化推進機構發行《生活中有森林》。

青草與樹木，成長期完了以後，落葉及樹枝會堆積。這些堆積物被微生物所分解變成磷酸鹽或氮化合物等無機營養分（參照3-1-2），溶於雨水流下河川，最後進入海洋中。無機營養分養育植物性浮游生物或海藻。魚類產卵於海藻上，成為幼魚養育場。日本各地有半島或島嶼從來不砍伐樹木。在此茂生的森林被稱為養生魚林，做為重要的漁場被保護。

8-4　瞭解海洋生態系的重要性

綜合無機的環境與生物互相關係的生態系，其各自的構成要素擁有意想不到的關聯性。人類的獨斷或一時的方便將這連鎖切斷，則因以容易崩潰的相互關係所連續的生態系，因而遭到報應。要解析海洋的生態系需要漫長的時間與龐大的經費（參照10-2）。外觀上不燦爛的學問──海洋生態學，如沒有其見證就要將海洋性生物當著很方便的生質能源來利用是一種冒險。海洋沒有明確的境界線，所以不要以為「稍微就沒有關係」的輕率想法而採取行動，不能否定會造成很多生質能源的破滅。例如有分泌攪亂物質（環境賀爾蒙，顯著影響生殖的化學物質）作用的化學藥品流入海洋後，造成多種生物的滅絕。

8-5　海產魚類可做為永續的生質能源利用嗎？

不管地球表面的約7成為海洋，生質能源生產量只占全球的三分之一而已（參照3-3-4）。然而對海洋性生質能源的生產量，要瞭解自然或人為的要因有什麼程度的影響，我們尚缺乏相

關知識。在這樣的狀況下要對將來做預測是很冒險的事，但有幾點暗示。關於相關的暗示的困難點都集結在一起，所以提示2至3個例子。

珊瑚礁或淺灣內的太陽光可照到海底，所以其生質能源的生產量很大（參照3-3-3）。海洋的特性是水很充足且具有浮力，所以藻類容易繁殖。在此給予營養鹽類，則自植物浮游生物至動物浮游生物，再到魚貝類的食物連續的範圍擴大。在海灣內流入濃郁的含污濁物質的河水，補給過剩的營養源，即招來浮游生物的異常繁殖的紅潮。紅潮會迫使有用水產生物的大量死亡的危險。

最近成為話題的深層海水則最適合營養鹽類的補給。問題是能提供合適的珊瑚礁或淺海灣的深層海水的地形究竟有多少？

海洋之中，海底地形上有隆起阻擋深層海流流入的地方，在此深層水會湧上至海面附近（湧升流）。在湧升流的地方就是漁獲量高的優越漁場。以人為的方法做湧升流（**圖8-4**），或將抽上的深層海水散布，就有魚類會聚集過來。問題是如何提供魚類的繁殖場所與幼魚的安全居住所呢。

想到海洋利用可能性的問題尚多。只有繼續努力聚集智慧進行研究與開發。

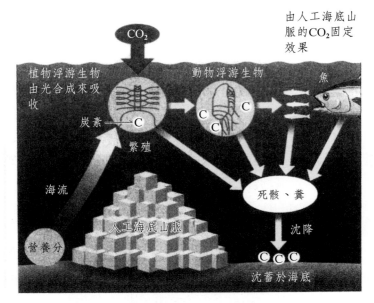

圖8-4　在平坦的海底作成人工湧昇流可提高漁獲量

（在日本長崎縣平戶市生月島遠海5公里的海底，水深100公尺處所做實驗）

引用自《朝日新聞》晚報，2006年6月29日。

第**9**章　幾丁質，幾丁聚醣

前 言

　　幾丁質（chitin，甲殼素）、幾丁聚醣（chitosan，甲殼聚糖）是在地球上僅次於纖維素的最豐富的生質能源（biomass）。纖維素是由D-葡萄糖以β-(1,4)結合者，構造與幾丁質相似（**圖9-1**），其年生產量據推測為一千億噸，另一方面，幾丁質的年生產量被推測可能是與纖維素相同的一千億噸或十億噸。

　　幾丁質是化學名稱為2-acetoamido-2-deoxy-D-glucose的多數殘基以β-(1,4)-結合所成的多糖，將其去乙醯化者即為幾丁聚醣（2-amino-2-deoxy-D-glucose）的β-(1,4)聚合體。

　　纖維素做為木材、纖維、紙張等在多方面大量被利用。幾丁質到目前為止多被去乙醯化做成幾丁聚醣，以水的凝集劑利用於水處理為主。據日本的估計，十幾年前日本的幾丁質消費量每年約為六百噸，其中五百噸做為幾丁聚醣的原料，其中90%做為凝劑使用。

R：OH　　　　　纖維素（cellulose）
NH$_2$　　　　　幾丁聚醣（chitosan）
NHCOCH$_2$　　幾丁質（chitin）
註：1.( )內的數字表示碳原子等的排列
　　2.n為聚合度

圖9-1　纖維素、幾丁質、幾丁聚醣的構造

9-1　在生物界的分布

幾丁質存在於微生物界，植物界及動物界。**表9-1**表示其分布狀態。

在植物界、微生物界，幾丁質主要含在黴菌、酵母與菇類，多量存在於微生物類的細胞壁以外，在一部分藻類中也可發現。比這個下等的細菌類即其細胞壁所構成的多醣並不是幾丁質而是肽聚醣（peptideglycan），另一方面較高等的植物卻置換爲纖維素（cellulose）。又在黴菌及酵母菌的細胞壁（包括各種菇類）中，除了幾丁質以外尚含有幾丁聚醣。

在**表9-1**中，現在做爲幾丁質的工業原料利用者爲各種螃蟹及蝦類，少量被應用者爲魷魚類甲及菇類（如靈芝被萃取多醣

表9-1　地球上從隱藏的幾丁質源可能獲得的幾丁質推定量（千噸）

幾丁質源	收穫量(a)	含幾丁質廢棄物		隱藏的幾丁質量
		濕重	乾重	
螃蟹及蝦(b)	1,700	468	194	39
南極蝦(c)	18,200	3,640	801	56
二枚貝與牡蠣	1,390	521	482	22
烏賊的甲	660	99	21	1
蕈類(d)	790	790	182	32
昆蟲	微量	—	—	—
總計	22,740	5,118	1,640	150

(a)假設收穫的生物，一半經過加工，但黴菌卻以全童計算。

(b)1970至1974年的5年間流獲量的平均值。

(c)聯合國糧農組織的預測漁獲量。

(d)檸檬酸發酵及抗生素生產的副產物，全世界產量假設爲美國產量的2倍。

類等以後留下的渣）等。但其他尚有生物含有幾丁質，然而目前大部分都被廢棄而沒有被利用。其來源與產量請參閱**表9-1**。

9-2　幾丁質、幾丁聚醣製法

　　如前述幾丁質、幾丁聚醣被稱爲地球上產量僅次於纖維素的最豐富的生質能源（biomass），可惜如要將其製成糧食來應用，因其不容易被我們消化器官所消化吸收。但如要將其精製以便能消化吸收，尚需幾個階段的化學處理。因涉及詳情並非本書的目的，所以僅以圖表來簡單表示其精製過程，如讀者有興趣可參閱這方面參考書或研究報告（參閱**圖9-2**）。

　　幾丁質是將蝦殼、蟹殼先打碎後，以鹼處理除去鈣及蛋白質等成分，再以鹽酸或硝酸除去碳酸鈣等就成爲幾丁質，然後再以苛性鈉（鹼）處理脫乙醯化就成爲幾丁聚醣。讀者一定被攪得頭暈腦胀了。不過重點是在精製使其可被人體所消化吸收。

9-3　幾丁聚醣的應用範圍

　　筆者不想替幾丁質聚醣做廣告，而本書也不擬深入探討幾丁聚醣的各種用途。我們在媒體天天看到關於葡萄胺糖（glucosamine）做爲關節炎等預防或防治老人筋骨等保健食品的廣告。其實這不過是幾丁聚醣的一種利用而已，其他在醫療上、紡織業、農業、漁業、化妝品等應用，多得不勝枚舉（詳**圖9-3**）。

　　現在其癥結在於上述的精製手續太繁雜且成本高。這是因

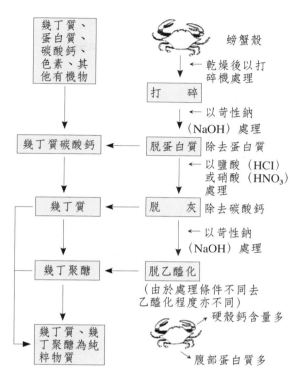

圖9-2 幾丁質、幾丁聚醣製法

幾丁質的分子過大，不易被胃酸溶解消化，所以幾丁質要先經過化學處理後變成幾丁聚醣才能溶於酸類，即可被胃酸所溶解並吸收。另一問題是據研究，幾丁聚醣如纖維素（cellulose）的鏈狀巨大化合物，要消化吸收時需將其切成較小分子，例如將其切成葡萄糖胺就可以了。據動物或人體實驗，成為單分子的葡萄糖胺，雖然以酸等分解即可獲得，但其做為保健食品則效果並不佳。結論是不能成為單糖而要以寡糖（即要以6至8個聚合的葡萄糖胺）的形態才容易被吸收，且發揮其做為保健食品的功效。

如眾所知，將一個大分子要切成雙糖或三糖、四糖，很難用化學方法（如酸分解）做到。只有採用酵素法才能達到此目的。

據編譯者所知，到目前為止雖然已有不少研究報告發表，但還未找到很理想且可以工業化生產的酵素，則這問題尚待研究。如果有一天，這難題能解決了，幾丁質醣的用途會更為廣闊。

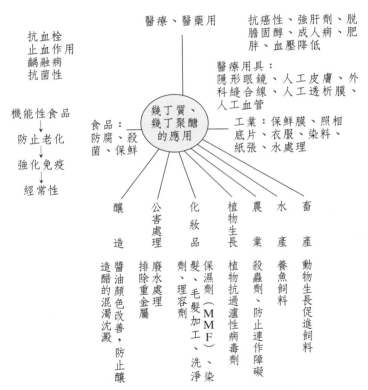

圖9-3　幾丁質‧聚丁聚合醣的應用範圍

雖然幾丁質爲僅次於纖維素的地球上最豐富的生質能源（biomass），如上述其獲得及精製等問題也考慮在內，則其成本還需要降低才有可能大量生產及應用。於是有些學者研究，可否將其以人工方法來培養，如能在海底利用酵素把空氣中的氮氣、氧氣等來合成葡萄糖胺、幾丁聚醣，那麼上述問題都可迎刃而解了。

第10章　世界各國生質能源之研發情形

前　言

　　如在前面已提到石化能源提供人類極大生活便利，幫助科技發展，然而自然資源終有一天會被消耗殆盡。根據美國能源部預估，石油能源僅可再供應四十年，因而當務之急要先尋找替代燃料及再生能源。

　　近年來被詬病地球上的大氣中二氧化碳含量日漸增加，導致溫室效應及全球暖化現象，再引起異常氣候以及水災、颱風等天然災害頻傳。

　　聯合國氣候變化綱要公約（FCCC）第三次締約國遂於一九九七年十二月簽訂「京都議定書」，訂出二氧化碳減量標準，希望降低人類活動所排放之溫室氣體，因為CO_2的排放量隨著生活水準之提高而增加。

10-1　未來清潔能源

　　主要由於石化能源的使用而排放二氧化碳，再引起地球的溫室化效應，歐洲、美國、日本等國家都積極開發生質能源等以取代石化能源。二○○五年五月出版的《經濟學人》雜誌，呼籲全世界對再生能源之期待，提出符合再生觀念的新觀點：「含油種子塑造的生質柴油以及從甘蔗、穀類作物，甚至其莖稈塑造所得之可取代部分石化汽油的生質酒精，這些既已存在的生質能源已開始改變能源市場」。在同年七月舉行之八大工業國高峰會中，當時的美國總統布希呼籲世界各國開發此類潔淨的替代性能

源，以期解決能源危機與環保相關問題。

10-2 能源多元化，型式，原料與技術

　　石化能源蘊藏量有限，然而消費量卻持續成長。台灣二
○○五年的依賴進口能源竟高達97.73%，因此再生能源的開發
與研究成為迫切需要。雖然舉凡太陽能、地熱、風力、潮汐等能
源研究也積極進行中，但亦面臨客觀條件不足及開發成本過高等
問題，還是以生質能源的研究與利用較具前瞻性。

　　現在生質能源利用模式包括生質酒精與生質柴油兩大項。
生質酒精的主要原料為玉米澱粉與蔗糖等，其他尚有木薯、甘
薯、甜高粱、纖維質材料等。為了不影響糧食的供應，以不能做
為糧食之部分為宜，所以亦利用稻稈、稻殼、高粱稈、甘蔗渣、
芒草、玉米穗軸等含纖維素材料。

　　可是利用纖維素原料生產生質能源的技術較複雜，尤其是
效能高且低成本的纖維素水解酵素的開發與應用等技術，各國都
競相研發中。

　　以纖維素為原料生質酒精可利用麥殼、麥稈、蔗渣，高粱
稈、玉米稈、玉米穗軸、稻殼、稻稈、芒草、牧草、木屑等。

　　現在生產纖維素酒精的關鍵技術是使原料轉化為可醱酵性
單糖的過程，其中利用酵素之技術尚在努力研究，同時進行大規
模的生產實驗中。

10-3 世界各國開發情況

最近物價一直暴漲不停，尤其以汽油為最。這石油危機迫使世界各國努力開發生質能源等再生能源，以彌補能源之漲價與不足。另一方面，環保意識抬頭以及地球永續經營觀念之重視更是促使再生能源研發之推力。

在世界各國中，巴西是開發和積極利用生質能源的先驅者。二○○四年巴西可再生能源的消耗比例高達43.9%。該國自一九七○年實施規模最大的開發計畫，又因天然條件的優異，即氣候條件適宜種植甘蔗與油料植物，並擁有九千萬公頃的可耕地可供種植，在一九九一年其酒精產量達到一百三十億公升，在其擁有的九百八十萬輛汽車中，近四百萬輛為純酒精汽車，其餘也大都使用20%的酒精／汽油混合燃料。三十多年來不但節省大量用於進口汽油的外匯，也開發不少新技術與新產品。在二○○六年其酒精產量占全世界的三分之一強，出口量也占全球的總量的50%。巴西政府在二○○六年二月又啟動「全國生物柴油計畫」，主要以蓖麻、油棕、黃豆、葵花子，以及其特有油料植物為原料，從二○○八年起在該國銷售的柴油中必須添加2%的生物柴油，而到了二○一三年添加比例要增加到5%。

美國能源部早於一九七八年就制訂生質能源燃料計畫，其主要目標為酒精燃料，建立年產量兩千五百噸的酒精燃料示範工廠。美國能源部還支持纖維素酒精產業化研究專案，旨在利用木材、稻稈、玉米稈等纖維質農產廢棄物生產燃料酒精，其中僅在發展高效纖維素水解技術的公司就獲得三千兩百萬美元的資助。

美國預計在二〇一二年時把燃料酒精的年產量擴增到一千四百四十萬噸至一千五百萬噸。

　　自一九八〇年代以後，日本通產省化學技術研究所、高崎原子能所、大阪工業技術試驗所、協和醱酵工業（株）、日立塑作所、京都大學等單位都進行生質能源的開發研究。日本自一九九五年開始研究生質柴油，並在一九九九年建立以油炸油為原料的生質柴油的工業化實驗裝置，年產量可達四十萬噸。然而日本同時亦推展油料植物的栽培生產生質柴油。

　　在歐洲，德、法等國家都規定石化柴油必須添加部分生質柴油，以減少二氧化碳排放量。全球使用生質柴油最多的地區是歐盟，二〇〇四年以油菜生產生質柴油一千五百萬噸，以向日葵生產了四百萬噸，以黃豆生產了八十七萬噸。

　　德國卻是全球使用生質柴油最多的國家，占全球比率高達四成，已設置超過兩千個生質柴油加油站。

　　台灣於二〇〇四年十月在嘉義民雄工業區啟用首座「生質柴油示範工廠」，每年產量約為三千公噸，主要以廢食用油提煉生質柴油。現在台灣可使用原料為黃豆油及回收廢食用油，台灣一年消耗的食用油約七十七萬噸，每年可生產八萬五千噸生質柴油，相當於每年可減少CO_2排放量二十二萬五千公噸。

　　開發中國家也已積極重視生質能源的開發。印尼政府已鎖定樹薯、甘蔗、蓖麻油、棕櫚油、向日葵油與黃豆油等六十種生質燃料的潛力植物，將全面發展生質燃料產業。

　　非洲Devce公司於二〇〇五年建立從植物油提煉生質柴油的工廠，其產能為每天兩萬兩千公升生質柴油。該公司採用該地常見的「小桐子」果實做為原料，計劃種植五千公頃小桐子樹，收

穫種子可提煉八千噸生質柴油。

10-4 「綠色汽油」的未來趨勢

科學家們現在正研發一種萃取自嫩植物的合成汽油——綠色汽油。這是依化學方法以來自玉米、多種穀類或植物堅硬的木質部分纖維素的醣質所製成者。

乙醇（酒精）這種新燃料，不同於其他生物燃料，適用於各種不同汽車引擎。

美國科學基金會（NSF）表示，這種綠色汽油的性能像原油一樣，可在加油站加油時，提供另一個選擇。

該基金會資助了發展「綠色汽油」的幾項計畫，其中一項就是由糖分轉化成汽油、柴油或噴氣燃料的綠色汽油，由Virent能源系統公司與貝殼石油企業共同商業化中。

這項新工程應用了「催化劑」，它調整植物糖分於配方，使其轉化成「能量包裝分子」（碳氫化合物），能夠提供汽車、火車與飛機為燃料。

由麻州大學Amherst分校研究人員發現稍微不同的進展是他們利用木屑及其他植物廢棄物來製成汽油（碳氫化合物）成分。

10-4-1 催化轉換

催化劑是微小的金屬粒子，通常被嵌在多孔材料中。在金屬表面上產生的化學反應比在液體中，速度提高甚多。

乙醇不是使用催化劑，而是利用「酵素」使植物成分的糖分醱酵而得到。酵素的優點是其專一選擇性；它只對某一類型的

分子作用。催化劑卻沒有特定作業目標,所以在應用時,不要在催化劑表面產生不要的反應。在高溫下酵素會被破壞,但催化劑(金屬)在高溫下卻反而反應會加快許多。除此之外,催化劑可重複利用,酵素本身為蛋白質,所以很難做到。

10-4-2　典範轉移

NSF認為在生物燃料市場上,這是由「酵素的乙醇」轉換「催化劑的碳氫化合物」的最佳時機,因為碳氫燃料如汽油含有大量的能量,比同量的乙醇可多供應50%能量。

使用植物原料來製造碳氫化合物也比製造乙醇更有效能。其主要原因是乙醇產品要除去其所含的水分,然而碳氫化合物卻不必。因此製造成本來說綠色汽油可比由玉米所製造的乙醇汽油便宜約20%。

根據NSF的預測,未來幾年內,綠色汽油會在市場上出現。依此趨勢,將來大家會改用電動汽車,而不再使用汽油動力車。但是碳氫化合物汽車的市場並不會蕭條的。不過仍然需要在火車、飛機及船隻的引擎使用柴油。

資料來源:國科會國際合作簡訊網(NSC)International Cooprations Sci-Tech Newsbrief(Nov. 28. 2008)

10-5　台灣發展海藻生質能源的意義

台灣地少人稠,可耕土地有限,農村人口老化,勞動力成本高,而且台灣四面環海,又有南、北海流的衝擊,海洋生物資源豐富,利用沿海淺海養殖牡蠣、魚類已很發達。因此如能開發

海藻類栽培，作爲生質能源，則具有相當的潛力。

如前所述（參照8-5），巨型海藻只需陽光、空氣與海水即可大量生產，每公頃生產鮮重可達七百五十至一千兩百噸，且其生產成本也較陸地作物爲低。

10-5-1 台灣生質能源的開發與舉辦研討會

在台灣主管生質能源的研發由經濟部原子能委員會核能研究所主持，除了自行獨立進行研發以外，與大專院校等單位合作執行的計畫包括大型海藻石蓴的養殖技術。預期開發海洋農場，生產藻類供應產製生質能源。利用基因工程技術進行纖維素水解酵素轉殖酵母菌的選殖（希望能以一步驟即可將海藻原料轉化爲酒精），以及開發人工瘤胃醱酵技術（希望能將海藻轉化成可醱酵性單糖產製酒精等）。

台灣大學與國科會、核能研究所等投入人力與物力進行生質能源相關研究，在二〇〇六年三月十六至十七日舉辦「生質能源開發與利用研討會」，邀請有關專家學者共聚一堂，針對生質能源之種類選擇、能源作物栽植、能源材料取得及集中、生質材料轉換生質能源之技術、生質能源之應用技術、生質能源與石化能源之共用或取代技術，以及能源政策、國際能源發展趨勢等話題進行發表與檢討，希望吸引更多學者專家投入相關研發，提升自主能源之技術與能力。

資料來源：謝韓忱、周旭鴻、陳建源（2006），〈生質能源之開發與利用〉，《臺大校友》雙月刊，2006年11月號，頁15～20。

10-5-2　台灣生質能源研究發展近況

　　據編譯者所知，早在幾年前就有生質能源學會的成立，每年定期開年會並舉行研討會。

　　下面是二〇〇六年出版的《生質能源開發與應用研討會論文集》的目錄，希望由此目錄可窺其一斑。

○ 序言

　林立夫　　郭明朝　　楊盛行　　陳建源

○ Climate Change and Bioenergy Development

　Ralph E. H. Sims

○ 生物技術應用於生質能源開發之技術利基

　高瑄伻　　林畢修平

○ 台灣油菜籽能源之發展潛能

　楊藹華　　王淑珍　　葉開溫

○ 國內外生質能源發展潛力與方向

　林俊義

○ 核研所纖維素產製酒精技術之研發

　郭家倫　　陳威希　　陳文恆　　陳盛燮　　門立中　　黃文松　　湯俊彥

○ 醇類小引擎之性能研究

　葉啓南　　張惠廷　　張位全

○ 生質柴油技術發展與應用

　林忠亮　　方炳勳　　黃冬梨

○ 台灣甘蔗酒精醱酵產業之回顧與展望

　鄭作林　　張謙裕　　蕭耀基

○ 研磨對臭氧降解纖維素的影響

葉安義

○ 使用多階段醱酵降解木質纖維素之生物轉換
　張德明　曾昭維　陳樹人

○ 世界能源情勢及生質資源之生產量預估
　黃世佑

○ Support for Renewable Energy in the UK
　John Buckley and Richard Brooks

○ 汽電共生鍋爐混燒生質物對於熱傳管腐蝕與積灰之研究
　萬皓鵬　張瑩璽　楊熾森　李宏臺

○ 生質柴油之預酯化前處理研究
　盧文章　詹議翔　李宏臺

○ 柴油引擎使用傳統柴油與生質柴油廢氣排放之奈米微粒特性研究
　吳中興　陳俊吉

○ 培養海洋大型綠藻石蓴作為生質能之材料
　陳衍昌　李孟洲

○ 廚餘回收政策及其能源之再利用
　楊慶熙

○ 連續批式嫌氣反應器之設計及應用於海藻生質之水解程序
　韓謝忱　郭明朝　黃文鬆　門立中　陳威希　戴上凱　陳建源

○ 微生物在生質轉換上應用
　楊盛行

○ 高油價年代與高附加價值的能源作物——能源作物選用原則之探討
　王裕文

○ 厭氧醱酵於生質能源轉換之應用
　許超傑　周楚洋

就以上幾篇報告中，編譯者認為較值得介紹給各位讀者的幾篇報告的摘要列於後以供參考。如欲知更詳細內容可到台灣大學總圖書館閱讀或複印（共八篇）。

國內外生質能源發展潛力與方向
Potential and Future Direction in Local and Global Development of Biomass

林俊義　農業委員會農業試驗所

摘　要

　　台灣地狹人稠，自然資源缺乏，自產能源僅占2.0%；生質能源利用植物生產能源，由於兼具能源與環保雙重貢獻，是國際公認優良的再生能源。台灣九十三年約有二十四萬公頃農田休耕或種植綠肥作物，如能種植適當之能源作物，將對政府、農民、環境及能源具有重大意義。良好之能源作物有下列特點：(1)生長快、生產力高、生育期間短之作物；(2)適應性大、容易栽培之作物，可密植栽培，粗放管理，且提高栽培密度後，各株的生長率、生產量仍然很高；(3)能源生產量高的作物，高生產能源／投入能源之比例；(4)生產成本低，搬運容易之作物；(5)機械化操作容易等。

　　目前能源作物以生產酒精及生質柴油最普遍，(1)生產酒精以巴西最有名，二〇〇四年生產1,510萬公秉，主要以甘蔗為主，每公升成本只有約六元；其次為美國，二〇〇四年生產1,338萬公秉，主要以玉米為主，每公升成本只有約十元；兩國產量約占世界75%。(2)生質柴油全世界年產量約

二百五十萬噸，其中歐洲占80%以上：德國發展最成功，產能超過110萬噸／年。歐洲主要以菜籽油爲原料。美國以大豆油爲原料。

　　台灣發展生質能源可以生產酒精及生質柴油兩方向進行評估，酒精生產以甘蔗及甘藷較具潛力，甘蔗年產量約60公噸／公頃，但生育期長約兩年半收兩次，酒精轉化率約8%，每年約可生產酒精5公秉／公頃，每公升成本約二十元。甘藷栽培容易，生長期約五個月，年產量約60公噸／公頃，酒精轉化率約12.5%，每年約可生產酒精8公秉／公頃，每公升成本約二十六元。生質柴油以大豆、向日葵、油菜籽等較適合：大豆栽培容易，機械化高，生育期短，約一百天，每年可三收，種子產量穩定，約2.5公噸／公頃，但含油率較低，約25%，每期作約可生產生質柴油約0.6公噸／公頃，每公升成本約七十元。向日葵栽培也容易，機械化高，生育期短，約一百天，但容易受颱風及大雨影響，種子產量約2公噸／公頃，含油率高，約50%，每期作約可產生質柴油約1公噸／公頃，每公升成本約五十五元。油菜適合較低溫之秋季作栽培，但無收穫機，生育期約一百二十天，種子產量約2公噸／公頃，含油率高，約40%，每期作約可生產生質柴油約0.8公噸／公頃，每公升成本約七十五元。由於國內生產成本偏高，利用休耕田栽培能源作物必須以機械化、大面積、省工栽培方式生產，才能降低生產成本。

2

台灣油菜籽能源之發展潛能

楊藹華 行政院農業委員會台南區農業改良場
王淑珍 國立台灣大學農藝學系
葉開溫 國立台灣大學植物科學研究所

摘　要

　　油菜籽由於具有高生物量、抑制雜草生長、增加土壤肥份，適合秋冬季裡作生長，因此，在台灣主要用途為綠肥兼景觀遊憩作物，近年來國際油價再次飆漲，發展生質能源之議題再次浮上檯面，以油菜籽為生質柴油在歐盟行之多年，若能利用休耕農田種植適當之能源作物，結合市場誘因，原物料之開發，技術發展，輔導生質柴油產銷供應鏈，再藉由政府規劃塑造穩定之市場能量，帶動生質能源產業之發展。

3

生質柴油技術發展與應用

林忠亮、方炳勳、黃冬梨
中國石油股份有限公司煉製研究所

摘　要

　　生質能源屬再生能源，具有環境保護與能源生產的雙重效益，其中極具有潛力者為生質柴油。生質柴油為「將動、植物油脂或廢食用油之長鏈脂肪酸，於觸媒存在下，與烷基醇類經由轉酯化，所生成之直鏈烷基酯類」一般常用的醇類為甲醇，所生成的甲基酯類，其燃燒特性與石化柴油相近，

但具有生物分解性和無毒等特性，以不同比例摻配於市售石化柴油中，摻配比例在20%（B20，80%石化柴油摻配20%生質柴油）以內，則無需對柴油引擎進行調整。綜觀目前國際趨勢與國內市場，生質柴油的產量對於現代社會鉅量的能源消耗並無決定性影響。惟台灣自產能源比例太低，加以外交處境困難，不易確保能源來源穩定，生質柴油的發展是台灣不可迴避的趨勢。本研究報告主要探討生質柴油的需求性與其特性，以及生質柴油轉酯化技術發展與利用推廣現況，冀望有助於我國產業、官方、研究、學術機構參考。

4

柴油引擎使用傳統柴油與生質柴油廢氣排放之奈米微粒特性研究

吳中興、陳俊吉
國立台灣大學生物產業機電工程學系

摘　要

　　在本研究當中，採用石化柴油與生質柴油作為直噴式柴油引擎的燃料，量測柴油引擎使用兩種不同燃料在不同運轉條件下，所排放廢氣中次微米微粒特性。結果顯示，在不同操作條件下，使用兩種不同燃料，引擎所排放的微粒粒徑大致相同。使用生質柴油為燃料的引擎排放廢氣中，在不同操作條件下，次微米微粒數量濃度顯示減少24%至42%；總質量濃度減少40%至49%。由此可知，使用生質柴油為燃料可有效地改善柴油引擎所造成的污染。

5

生質柴油之預酯化前處理研究

盧文章、詹議翔、李宏臺

工業技術研究院能源與環境研究所

摘　要

　　生質柴油是一項兼具環保友善及永續發展的潔淨能源。目前大部分的生質柴油是由純植物油脂製造而成，使得單位產品價格過高，缺乏市場競爭性。由於國內存有許多低價的油脂來源，可作為生質柴油製造的原料源，降低生質柴油的生產成本。不過這些低價的油脂中常含有大量的游離脂肪酸（free fatty acid, FFA），無法直接以一般鹼製程製造生質柴油，需經由前處理將其降至一定值。酸催化程序是另一種生質柴油的生產方式，其對於游離脂肪酸的甲基酯化具有反應速度快和轉化率高的優點，因此，本研究主要利用預酯化反應降低游離脂肪酸含量，以符合後續生質柴油鹼製程所需的品質條件，以提高生質柴油的總產率。

使用多階段醱酵降解木質纖維素之生物轉換

張德明 大葉大學生物產業科技學系
曾昭維 大葉大學生物產業科技學系
陳樹人 國立高雄應用科技大學化學工程與材料工程系

摘　要

　　利用微生物醱酵法由木質纖維產製生質能源酒精或具機能性之甜味劑木糖醇的研究愈來愈受到矚目，因為以農林廢棄物所含的木質纖維素（包括纖維素與半纖維素）作為微生物碳源，不僅能夠降低醱酵成本，更有助於環保減廢以及資材再利用。有鑑於此，本研究使用木質纖維水解液的兩個主要醣類（木糖與葡萄糖）作為碳源，利用菌體雙期生長的特性，設計一種兩階段醱酵生產程序，並藉由操控不同培養階段的溶氧量，提高 $Candida\ subtropicalis$ 生產木糖醇的產量與產率。在攝取葡萄糖階段，將溶氧量維持在 $5\sim10\%$ 飽和溶氧值的範圍，可得到最高的細胞比生長速率（$\mu = 0.356h^{-1}$）。而在木糖醱酵階段，最佳的木糖醇生產條件為固定通氣量 $0.25vvm$ 與轉速 $130rpm$，比產率為 $0.649gg^{-1}$。將上述條件運用於本研究提出串聯饋料批次與批次之兩階段醱酵操作，不僅能夠縮短木糖醱酵時間也可將木糖醇產率提高至 $0.246gL^{-1}h^{-1}$。

7

核研所纖維素產製酒精技術之研發

郭家倫　陳威希　陳文恆　陳盛變　門立中　黃文鬆　湯俊彥
行政院原能會核能研究所

摘　要

　　生質酒精為一深具有潛力取代石化燃料的再生燃料，因此，近年來許多國家已開始積極投入生質酒精產製技術之研發，本文內容即針對國外纖維素轉化酒精關鍵技術的發展現況與研究需要進行簡要分析，並進一步說明核研所於開發多元化纖維素生質原料、平行引進與研發基因重組菌株及研發前瞻性新穎纖維素轉化酒精技術等研發方向之規劃內容，以期建立國內自主生產能力及具有競爭力之生質酒精產製技術。

8

台灣甘蔗酒精醱酵產業之回顧與展望

鄭作林　台糖公司研究所
張謙裕　台糖公司研究所
蕭耀基　台糖公司砂糖事業部

摘　要

　　本篇報告將台灣近三十年來利用甘蔗原料進行酒精醱酵的相關研究與進展作大概之回顧，主要的議題包括有：(1)酒精製程之改善；(2)耐溫酒精酵母之篩選；(3)凝聚性酒精酵母之應用；(4)纖維質之酒精醱酵；(5)甘蔗汁酒精醱酵等研究，

從蔗汁分離篩選之酒精酵母，編號N-49，在糖蜜培養基中具有良好的凝聚特性，其酒精醱酵性能與一般台灣酒精工場所使用之生產菌株相仿；由土壤中分離篩選到耐溫酒精酵母T-17，在39℃高溫下仍具有良好的酒精醱酵性能，在工業規模之糖蜜酒精批次醱酵驗證，其酒精生產效能較工業菌株為強。根據經驗，酒精製造成本取決於糖蜜的價格，且供應量與糖價息息相關，由於近來糖蜜價格居高不下，為能減少酒精的製造成本必須有效降低原料價格。事實上，以糖為原料之酒精製程已是相當成熟的技術，其生產成本已無再降的空間。因此，酒精要成為具競爭力的汽油添加劑，關鍵因素在於有能力利用廉價的生質能源為原料，而纖維質是一種可快速再生的資源且具有轉換成燃料酒精的潛力。深切期望不久的將來，纖維質蔗渣可被利用作為高效率酒精製程之生產原料。

10-5-3　生質能源學會二○○八年年會

　　在二○○八年十二月二十六日，在台大物理學系凝態館演講廳開了第十三屆第一次會員大會及生質能源產業發展現況理論與實務研討會，其中有七個講題與生質能源有關，僅將其講題與主講人姓名列於後，以供參考之用。

1.微藻產油程序之研究——吳文騰。

2.我國生質能源產業概況——林俊義。

3.以生物技術轉換有機廢棄物生物肥料——鍾竺均，鄭秋玉。

4.使用生質能碳降低鋼鐵業CO_2排放可行性探討——林正乾。

5.生質煉油廠技術——萬皓鵬。

6.國內生質能源作物種植與海外種植計畫可行性評估——曾彥魁，蔡秉富。

7.生質轉變——楊盛行。

這一次年會的特點是首次業界與會人員比學界多。主要是因國際油價飆升。在產、官、學各方面都引起大家的關心。對於如何來合作也有了熱烈的討論。這一次討論的主題如下，如讀者有興趣可向「中華生質能源學會」索取會議記錄或由網路得悉詳細內容（http://www.besc.org.tw）：

1.如何選擇適合於台灣種植之能源作物。

2.政府如何鼓勵國人種植能源作物。

3.如何輔導並獎勵企業投入生質能源開發產業。

4.政府對生質酒精及再生能源油品之收購方式及價格政策市場制度檢討研議。

5.國人赴國外種植能源作物之策略與輔導。

6.政府如何推動學術單位加速生質能源相關之研究及技術移轉或制訂相關政策。

7.生產節約能源設備產業之輔導及獎勵方案。

8.生質能源共同開發基金設置辦法及參與單位。

10-6　生質酒精的研發

如前述國際原油價格一直漲不停，在過去七年間已漲了623.6%。

如何找出替代石油的燃料仍是世界各國競相研發的問題。然而發展生質酒精就是大家關注的課題。則

第一，經濟效益如何？

第二，能量供需平衡如何？

第三，可利用之生質作物是否足夠？

現在被注意到的農作物有甘蔗（蔗渣）、甘藷、芒草、油菜籽、黃豆、向日葵、稻稈、廢紙纖維等。

如以原料別分類則

其Biomas composition則

1. 硬板（Hard wood），草類（grasses），穀類渣（crop residues），MSW，軟木（soft wood），纖維素（cellulose: glucose sugar）38～50%。
2. 半纖維素（Pentose sugars：五碳糖），木質素（lignin-phenal-propyl-based）15～25%。
3. 其他（others extractives, ash, etc）23～32%。

目前世界各國已推動生質酒精國家的年產量（萬公升）如下：巴西1510，美國1338，加拿大23，瑞典10，中國365，澳洲12，泰國28，印度175，歐盟226，已規劃國家年產量（萬公升）如下：阿根廷16，日本12。

在生質酒精製造時的瓶頸就是如何將澱粉、纖維素等先有效地變成糖類。因為第二步的醱酵要使用酵母將糖類變成酒精。如在這第一步的糖化效率不高，成本就增加且消耗熱能又高，則更不划算了。於是要找出效率高的酵素，甚至利用基因工程，將生成糖化酵素的基因含在酵母同時來進行糖化與酒精醱酵。

另一方面，日本也有人研究將澱粉不必先經過糖化，以一種基因重組菌株將其能糖化醱酵澱粉或纖維素為酒精的方法，不過尚未聽過工業化生產的消息。

在纖維素產製生質酒精時，最大的問題是如何改善降低其成本，據報導其已獲得的成果是

1970年成本為$4.2 / 加侖
1980年成本為$2.8 / 加侖
發展酵素水解技術
1990年成本為$1.7 / 加侖
改善秩序設計，發展基因工程菌

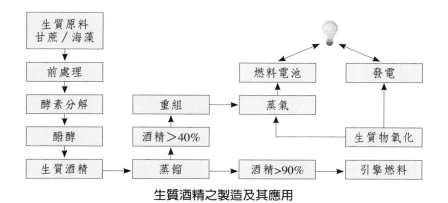

生質酒精之製造及其應用

153

生質能源利用科學
Science and Technology of Biomass

2000年成本為$1.3 / 加侖

研發創新技術

2010年成本為$0.6 / 加侖（預估）

這表示不久的將來，將突破瓶頸，降低至合理的價格範圍。

據估計從農業廢棄物如稻稈、蔗渣及玉米稈等萃取纖維素分解取出糖類後醱酵成生質酒精，未來可供應全台能源3%的使用量，對台灣能源自給自足，不無小補。

據報告台灣生質酒精生產成本

糖蜜　33.3元 / 公升

甘藷　30.1元 / 公升

進口玉米　19.0元 / 公升

進口粗糧　28.2元 / 公升

進口酒精　25.0元 / 公升

美國酒精批發價　21.0元 / 公升

世界各國生產酒精其產量與單位價格（成本）2004年

1.巴西　1,510萬公秉　6元（甘蔗）
2.美國　1,338萬公秉　10元（玉米）　} 占世界75%

在研究開發方面，原能會核研所在其纖維酒精計畫中，提出美國、巴西均使用糧食當做替代能源，會造成糧食爭搶問題，該所則研究利用稻稈、蔗渣，甚至木材廢料纖維素、半纖維素、木質素等來生產酒精。

以稻稈為例，其成分的57%為纖維素及半纖維素，能轉化成

可醱酵的糖類，再將其醱酵成為酒精。

以台灣一年稻稈一百五十萬噸來說，就可製成三十萬公秉的纖維酒精，約可供應全台能源的3%。利用農業廢棄物，除無爭搶糧食之虞，又是零排放污染的再生能源，對於農村經濟也有幫助。

在台灣生產酒精以甘蔗及甘藷較具潛力，甘蔗年產量約60噸／公頃，但生育期長達兩年半收穫兩次，酒精轉化率約8%，每年約生產5公噸／公頃，成本約二十元，甘藷栽培約需五個月，年產量約60噸／公頃，酒精轉化率約12.5%，每年約可生產酒精8公噸／公頃，成本約二十元。

10-7　生質柴油利用在台灣

生質能源為再生能源，具有環境保護的能源生產的雙重效益，在台灣最近生質柴油受到大家的關注。生質柴油是「將動、植物油或廢食用油的長鏈脂肪酸，在觸媒存在下，與烷基醇類經酯化所生成之「直鏈烷基酯類」，一般常用的是甲醇，所生成的甲基酯類，其燃燒特性類似石化柴油，但無生物分解性與無毒等特性，常以不同比例摻配於市售石化柴油中利用。通常以20%（對石化柴油添加20%）以內，則不必對柴油引擎進行調整。

生質柴油全世界年產量約二百五十萬噸，其中歐洲占80%以上，德國發展很成功，產能超過每年一百一十萬噸。歐洲主要以菜籽油為原料，美國卻以黃豆油為原料。

台灣發展生質柴油除了廢棄油炸油的利用以外，如要以農業生產原料則以黃豆、向日葵、油菜籽等較適合，黃豆容易栽

培，機械化高，生育期短，約一百天，每年可三收，種子產量穩定，約2.5噸／公頃，含油率卻較低，約25%，每期作約可生產生質柴油約0.6噸／公頃，成本約70元／公升。向日葵栽培也容易，生育期約一百天，但易受颱風與大雨影響，種子產量約2噸／公頃，含油率約50%，每期作可生產生質柴油約1噸／公頃，成本約55元／公升。油菜適合秋天裡作，要人工收穫，生育期一百二十天，產量約2噸／公頃，含油率約40%，每期作可生產約0.8噸／公頃，成本約75元／公升。由於台灣生產成本偏高，除非利用休耕田栽培，或機械化，大面積方式經過省工方式栽培較難成立。

10-8 其他有關能源問題

10-8-1 海藻利用

　　地球上陸地有限，尤其是可供農耕土地更被限制，因此如能利用淺海或近海海底培養海藻，不但其生長快且經濟價值頗高。

　　據研究一種大型海藻，在淺海可由光合作用合成固定水中二氧化碳及紫外線合成醣類，其年生產量可達50噸／公頃（乾重），如將其利用於生質酒精的生產，則其酒精轉化率為320L/T（dry），生產甲烷轉化發電量則600kW h/T（乾），生產柴油發電量則1150kW h/T（乾）。

10-8-2 二氧化碳的利用

　　前面已提及空氣污染、地球溫室化、異常氣候等元凶禍首

都是由於石化能源的燃燒排泄所引起。另一方面,植物可利用陽光與二氧化碳由葉綠素舉行光合作用,轉變為碳水化合物(包括纖維素、半纖維素、木質素、葡萄糖、澱粉等)做為動物的糧食。然而因化石能源消耗量太多,超過植物所能利用量,兩者的平衡已無法維持。

於是二氧化碳的捕捉、封存及再利用問題成了研究題材,(1)尤其是利用化石燃料發電排放的CO_2,將其送至溫室中即可使其空氣中CO_2量提高800～1,000ppm,促使植物生長速度提高50%,提升農業技術及產值。(2)利用海藻固定CO_2並同時產生氫能源。(3)利用發電排放CO_2製造化學品(甲醇、二甲醚、CO_2聚合物等),可降低化石原料的依賴性。

深層海洋封存CO_2為另一問題。有關單位已對深層CO_2蓄藏的地質與海洋生態之調查與可行性做評估,尚有計畫開發200海浬領海內,適於CO_2封存之海域。

最近報載了研發成功開發可燃冰的消息。這是海底儲藏的「甲烷水合物」,因在海底低溫下成為固形狀,溫度升高後成為氣體可供做為燃料。因在海底,所以如何開採等尚有技術上的問題。

10-8-3 植物產生塑膠 基因工程跨出一大步

生物科技公司(Metabolix)藉由對基因工程微生物,研發出能夠大量生產綠色塑膠的植物,對特別的細菌給以糖類,寄宿在特定的植物中可生產塑膠,而這生物塑膠是可分解者,比石化產品更環保。

根據《每日科技新聞》(*Tech. News Daiey*)的報導,

Metabolix的董事長思諾（Rick Eno）指出，現在的生質塑膠是由植物性食物製成，而非在植物性食物中製成。該公司研發出一種叫做「Mirel」的微生物，它在醱酵期間吸收玉米糖漿，將其換成生質塑膠。

該公司利用這項研究，在柳枝稷、油籽與甘蔗的莖與葉中生成聚羥基脂肪酸酯（PHA），PHA就像聚丙烯（Polypropylene）一樣是生物可分解的塑膠聚合物。這些能產生塑料的植物現在生長在此公司所屬的劍橋溫室中，在二，三年內會進行商業測試。

生質塑膠會從產生塑膠的微生物中分離出來變成一顆小丸子，這可做成礦泉水瓶類的容器。

該公司已製成的產品包括垃圾袋、筆桿、環保原子筆等。

另有新研發是不再用餵食玉米糖漿給產生塑膠的微生物，而以產生塑膠的微生物基因注入植物中，使作物能直接製造出細菌蛋白質。這基因能改變植物體內部的化學反應而製造塑膠。

密蘇里大學的慕尼（Brian Mooney）教授指出，生質能源的成本比起使用石油原料所製造的塑膠貴四倍，但是會產生另一個問題，就是其製造效率很低。

到目前為止，Metabolix已在柳枝稷中製造出6%的生質塑膠，並可望在未來幾年中能提高其產量。

美國內布拉斯加州的林肯大學曾經研究，用以製造生質燃油的柳枝稷製成纖維素乙醇的製程中，其產生的能源量較預期需求達五倍之多。前者溫室氣體排放量較後者低94%。

然而發展微生物有季節性問題，生物塑膠尚有其他問題，例如水的滲透性、大豆塑膠不防水，但是石化塑膠滲透性則相對

較優。

聯合國估計，全世界飢餓人口約有十億人，將肥沃的土地用於製作塑膠材料，不如生產糧食以解決飢餓問題，則甚值得深思。

資料來源：（網路）國科會國際合作簡訊網（2010/8/11）。

10-8-4　生質燃料

據埃克森美孚公司（Exxon Mobile）於2010年7月14日表示，利用溫室種植藻類，並測試以藻類量產生質燃料的可行性，如果成功，一英畝的藻類每年可生產至少2000加侖的油，產量是玉米等作物的五倍。

該公司與合成基因公司（Synthetic Genomics）利用位於加州佔地8500平方呎的溫室，試驗用藻類生產大規模且成本划算的燃料。未來五到六年將投資六億美元，試驗自藻類開發生質燃料的可能性，如達成研發目標，將於未來十年投入更多預算，合成基金公司則要出資三億美元。

如果計畫成功，一英畝的藻類每年可產生至少2000加侖的油，產量是玉米等其他生質能源穀物的五倍。此外可期待減少溫室氣體的排放量，並降低對石化燃料的依賴。

但是如果要利用藻類製造生質燃料，除了陽光之外，還需要大量的二氧化碳，而這點可從火力發電廠、煉油廠與自然產生的氣體中獲得二氧化碳。

資料來源：網路http：//www.taiwangreenenesgy.org.tw（2010/8/2）

附錄　有關生質能源的報導

生質能源利用科學
Science and Technology of Biomass

未來五十年　太陽能將充分利用

　　美國國家工程院（NEA）由十八位專家學者所組成的預測小組，十五日在「美國科學促進聯會」（AAAS）年會上提出未來五十年最有可能成真的科技進展，包括充分利用太陽能、核融合發電、氮循環管理、乾淨水資源、客製醫療服務、擬人人工智慧及網路通訊提升等。

　　專家評選的四大標準分別是「永續性」、「健康」、「脆弱性」及「生活品質」，由包括基因體研究先驅文特、發明家卡曼、Google創辦人佩吉、哈佛大學國際發展學者朱瑪等人共同選出最可能實現、且有助人類和地球的科技。

　　以太陽能發電為例，該小組指出，地球一小時接受的太陽能，足供全部人類使用一年，「只要能截取萬分之一，就能百分之百滿足我們的能源需求」，因此如果能發展出奈米太陽能板及奈米能源電池，充分利用太陽能將不是夢。

　　水利發展部分，海水淡化的技術提升，將有助水資源供應；但對個人需求來說，發展區域性用水淨化技術或許更有幫助。在醫療部分，專家認為，透過基因體定位及增加對身體機能瞭解，將更能幫助人類抗老化、戰勝疾病，甚至找出每個人潛在的風險因子。

　　曾經多次正確預測電腦科技發展的未來學專家科茲威爾說，當人工智慧足以與人類匹敵時，由於資訊科技均不斷加速發展，加上機器特有的即時全面交換資訊的能力，人工智慧必將快速超越人類智慧。

小組表示，由於科技發展的步調越來越快，在未來半世紀發展速度將比以前快三十倍，讓許多領域出現前所未見的新局，但最關鍵的還是經濟與政治決心，舉例來說，「就算技術再環保，但只要成本較高，不論環保法規再嚴，許多人還是寧可用便宜的高污染技術」。

　　　　資料來源：《自由時報》，2008.2.17，A6版（編譯胡立宗）。

抗暖化人造生命　專吃二氧化碳

　　曾繪製出自己基因組的美國科學家凡特表示，他正在創造一種生命形式，能吃掉會破壞氣候的二氧化碳，之後還能製造出燃料。

吃二氧化碳排出辛烷

　　凡特在加州蒙特瑞的「科技、娛樂暨設計大會」（TED）上，宣布自己可能改變世界的「第四代燃料計畫」。他說：「我們的目標不過分，就是希望讓石化工業走入歷史，成為能源的主要來源之一。」現場來賓都是一時之選的社會菁英，包括全球暖化鬥士、美國前副總統高爾與Google共同創辦人佩吉。

　　凡特說：「我們大約一年半就會擁有第四代燃料，而二氧化碳就是燃料的原料。」他指出，做法是將簡單的有機體透過基因工程改造，以製造出疫苗或被當成廢氣的辛烷燃料。

　　生質能源是可代替石油的第三代能源。凡特說，下一步是找出能以二氧化碳維生，並排放諸如甲烷的廢氣的生命型態，作為燃料。他說：「我們有二千萬個我稱之為未來設計元件的基

因。我們現在只怕自己想像力不夠豐富。」

　　凡特的研究團隊利用合成染色體來修改已存在的有機體，而不是製造新生命，現有的有機體能產生辛烷（octane），但其數量仍不足以供應燃料。

第四代燃料計畫

　　凡特說：「如果它們能以我們所需的規模製造出物質，地球將會是一個甲烷星球。規模才是關鍵，這是我們為什麼必須用基因改造的方式來設計它們。」他強調，針對會製造辛烷的有機體，可以用修改基因的方式，增加它們所吃掉的二氧化碳及排放的辛烷量。困難不在於設計有機體，而在於從空氣中萃取高濃度的二氧化碳來餵飽這些有機體。此外，科技家還將「自殺基因」注入到活著的有機體，萬一它們離開實驗室，就會自我了結生命。

資料來源：《自由時報》，2008.3.1，A8版（編譯羅彥傑）

稻稈蔗渣　萃取第二代生質酒精

　　行政院原子能委員會昨日宣布，從農業廢棄物如稻稈、蔗渣及玉米稈中萃取出纖維素，醱酵成糖類後醱酵出「第二代生質酒精」（即纖維酒精），估計未來可供應全台能源3%的使用量，增加我國能源自主性。

　　石油價格高漲，為減少對石油的依賴，替代能源已成為各國開發的方向，原能會核研所纖維酒精計畫主持人王嘉寶表示，相較於美國、巴西均是使用糧食替代能源，會造成糧食爭搶的問

題，核研所用稻稈、蔗渣等原料來生產的纖維酒精，就不會有爭搶糧食的問題存在。

以稻稈爲例，每一百個單位的稻稈，其中57%的纖維素及半纖維素，能轉化成可醱酵的糖類，再將糖類醱酵後成酒精，經由脫水濃縮後就可成爲燃料級酒精。其餘農業廢棄物包括蔗渣、牧草及竹子，也都有60%至70%的纖維素及半纖維素。

可供全台能源3%

核研所副所長郭明朝表示，以台灣一年稻稈一百五十萬噸來看，就可萃取三十萬公秉的纖維酒精，約可供應全台能源的3%，利用農業廢棄物，除無爭糧之虞，纖維原料還是零碳排放的再生能源，對於農村經濟也有所幫助。

善用稻稈等農業廢棄物可轉換成纖維酒精，成爲未來的替代能源之一。

生質酒精，環保替代能源

生質酒精是爲了減少對於價格日漸高漲石油的依賴，所生產出的替代能源。第一代的生質酒精是採用澱粉、醣類爲原料，國內已開始在汽油內混合3%的生質酒精，也就是現在最新的E3汽油，但第一代的生質酒精會有爭糧的情況發生。

第二代生質酒精則是以農業廢棄物如稻稈、蔗渣、玉米稈爲原料所生產，每十公斤的稻稈可生產出兩公升生質酒精，不會有爭搶糧食的情況發生，並增加農業附加價值，不過纖維酒精技術門檻高，國際上尚無商業化生產。

資料來源：《自由時報》，2008.2.19，A10版。

生質能源利用科學
Science and Technology of Biomass

廢紙製木塑複合板　環保耐衝擊

　　木塑複合材料（WPC）是結合塑膠與木材的加工技術，在國外已廣泛用在門窗、建材、露天平臺、船塢等。農委會林試所研發以影印廢紙與回收聚乙烯（PE）薄膜製成的板材，讓WPC更環保，而且不論是抗彎或拉伸強度都是傳統WPC的一點四倍至一點五倍，耐衝擊力更是傳統WPC約五倍以上，十分具有發展潛力。

　　林試所森林化學組組長黃清吟表示，WPC具有木材防蟲耐腐，又有塑膠容易加工成形的特性，並可於使用後回收，是一種很環保的複合材料。而她以三十張A4影印回收廢紙，製成WPC，強度性質相當優異，可作為廢紙回收利用的另一選擇。

資料來源：《自由時報》，2008.3.19。

利用基因工程專利技術　興大校長研發出酵素生質柴油

　　昨日宣布將與台灣最大的生質柴油廠世界生物能源公司合作，國科會計劃預計三年量產這項不會造成環境污染的綠色生質柴油。

　　蕭介夫指出，生質柴油製造方法是利用油脂結合醇類，透過催化劑的作用後製成，因國際間針對酵素穩定性仍在研究，且成本較高，目前國際間多利用包括氫氧化鈉或氫氧化鉀等化學物質作催化劑轉換。

　　問題是，利用化學物質催化的製油過程會造成污染，目前

各國均積極研究低污染甚至零污染的酵素轉換生質柴油技術。

　　蕭介夫擅長蛋白質工程技術，正好可進行酵素基因研究，他費時十多年研發後，突破基因工程技術，能篩選效率高、反應良好且穩定性強的酵素進行基因重組製作，生產出「基因重組脂肪酶」酵素，這項基因重組專利去年已在美國、日本及台灣取得專利，正好趕上目前國際間最夯的綠色生質柴油研究。

　　世界生物能源公司董事長張榮興指出，將在嘉義及彰化縣推動白油桐種植，計畫利用白油桐果實榨油，做為製造生質柴油的基底油，因白油桐不是人類食物來源，因此不會有形成另一種食物危機的疑慮。不過因屬起步階段，目前製造成本比起石化柴油，一公升的價格約貴十元新台幣。

酵素生質柴油優缺點

・優點

　　1.常溫下即能反應，不需化學方式的高溫、高壓製程，可節
　　　約能源。
　　2.製作過程形成的氣體不含二氧化硫，排放後不會形成酸雨
　　　等污染。
　　3.閃光點高，因此安全性高。
　　4.意外傾倒後能在二十八天自然分解，不會形成環境污染。
　　5.酵素穩定性高，可重複使用。

・缺點

　　1.轉換率九成二，不如化學催化九成九轉換率。
　　2.成本目前高於化學生質柴油。

資料來源：《自由時報》，2007.11.29，A12版。

167

升級再生能源　**Google**將砸數億美元

　　搜尋引擎龍頭Google二十七日公布「廉價再生能源」（RE）發展計畫，將挹注數億美金協助再生能源研發改進，最終目標是讓太陽能、風力、地熱等的發電成本低於煤炭火力發電，減少發電對全球暖化的衝擊。

　　這項計畫將由Google基金會旗下的Google org負責，除僱用再生能源專家，也將與相關業者合作，Google目前已與太陽熱能廠商eSloar及風力發電廠商Makani Power結盟。Google表示，明年投資金額至少兩千萬美金，計畫新聘二十到三十名專家，專注強化太陽熱能及地熱發電。

　　Google創辦人佩吉表示，計畫的總發電量為十億瓦，「我們相信數年內就能達成目標」。鑑於Google本身用電量激增，另一位創辦人布林表示，「如果我們不做些改變，Google會讓人感覺很虛偽」，因此Google將優先使用RE計畫的電力，多餘電力才會賣給其他使用者。同時，計畫發展出的技術、專利也將授權業界使用。

　　一般來說，十億瓦電量足供八十萬人的城市使用，如舊金山。另外，二〇〇六年全美太陽能發電的總電量約為五億瓦，風力發電的總電量則已達一百一十六億瓦，不過成本過高一直是再生能源拓展規模的障礙。據專家估計，如要達成比煤炭火力發電還便宜的目標，太陽能發電的成本至少要比現在低25％到50％，另外，每度電的成本也需控制在一到三美分之間。

　　Natixis Bleichroeder公司替代性能源分析師曼利表示，如果

Google眞能達成目標，「那將是了不起的成就」，不過曼利及其他分析師也坦承，Google的投資額對規劃龐大的能源市場來說「不過九牛一毛」。但佩吉仍然信心十足地表示，如果RE計畫成功，Google將對全球電力供應產生重大影響，同時，這筆投資如將帶來豐厚獲利。

資料來源：《自由時報》，2007.11.29，A12版（編譯胡立宗）。

醋媒氫汽車　趴趴走不加油

以廢水與醋爲食的細菌，通上電流就能產生乾淨的氫燃料，進而可使汽車趴趴走，也不怕油價直直升。這不是市井小民的春秋大夢，美國賓州州立大學環境工程教授隆根指出，微生物燃料電池幾乎能將所有的可生物分解有機質轉換成零污染排放的氫氣燃料。

微生物燃料電池超環保

現行氫氣動力車的氫氣，大多生產自石化燃料，因此，即使氫氣動力車本身不排放溫室氣體，但是燃料的製造過程卻會。上述的微生物燃料電池比現行氫氣車更環保，隆根說：「它是一種運用可再生有機物、利用任何可生物分解的物質，並從這些物質生產出氫氣的方法。」

隆根與同僚陳紹安（譯音）共同發表的這項研究，刊登在美國國家科學院院刊上。研究人員所使用的微生物是在裝有醋酸的電解電池中，自然產生的細菌。食用醋就含有醋酸。

細菌以醋酸爲食，並釋放出能製造0.3伏特電力的電子與質

子時，從外部再提供稍許電力，氫氣就會從醋酸中噗噗冒出。隆根指出，這要比水電解，亦即以電荷將水的氫氣結構分裂更有成效，他說：「它所耗的能源大約是水電解的十分之一。」

此外，隆根指出，在實驗室中，醋酸所產生的氫氣幾達理論上最大產量的九成九。這是因為細菌承擔下重頭戲，它將有機物分解為亞原子粒子，因此電能所做的就是觸發這些粒子去形成氫，而所產生的燃料雖是氣體而非液體，但仍能用來驅動汽車。

隆根說，除可使用醋酸外，其他揮發性有機酸，比如葡萄糖、醋酸鹽等等可使用，而唯一釋出的物質就是水。不過由於微生物燃料電池體過於龐大，難以裝入車內，因此氣態氫燃料必須在工廠生產，在油源日益枯竭之際，加油站設立加氫氣區遠景可期。

資料來源：《自由時報》，2007.11.14（編譯魏國金）。

鍋爐燃燒機省能　廢油變燃料

高效能燃燒機　省四成油料

廢機油、炸過的油能用來當燃料油，且無煙無味？南投縣張錫薰、曾圭明這對超級好友，用了十年時間研發出鍋爐專用「高效能燃燒機」，可省下四成油料且減碳效果好，該發明已申請多國專利。

專家質疑　無碳需更多實證

研究廢油轉化為生質柴油多年的台灣海洋大學海運暨管理學院院長林成原指出，油料分子若能「霧化」處理變成更小的分

子，確實有助於燃燒更完全，應該能夠提升燃燒效率。但是如果要強調完全燃燒、完全無碳，似乎相當困難，既然是燃燒就應該會產生二氧化碳的碳，燃燒器到底能否真正的完全燃燒卻不產生碳？設計原理恐怕需要更多說明才能探討，其燃燒的產生物是否真的沒有碳也需要更多科學偵測的實證。

由張錫薰主導、曾圭明協助研發的「高效能燃燒機」，看起來很簡單，只有儲油桶和一支很像砲管的鐵管，後方連接著鼓風機。它最奇妙的是使用的燃料油，除柴油、重機油外，連廢機油、炸過的沙拉油（即廢生質油）都可以使用，而在點火燃燒後，目測沒有產生黑煙、白煙，也無懸浮微粒，似乎已經完全燃燒。

「這是環保和節能的大突破！」張錫薰和曾圭明興奮地說，命名為「高效能燃燒機」的機器，最主要是利用「霧化原理」，可以讓液態的油完全燃燒，減少碳化情形。二人多次試驗，鍋爐內壁不是積碳狀況大為改善，要不就是沒有積碳情形，兩人都很開心地說「辛苦沒有白費，應可發揮讓大地恢復乾淨的功能」。

張錫薰發現，使用相同燃油的鍋爐，加裝燃燒機後，最少能節省百分之四十的油，如果用成本低廉的廢機油或廢生質油，省更多錢。而使用廢生質油當燃油，減碳最好，噴出的火有如用瓦斯燃燒的效果，且溫度比瓦斯高了四、五百度。

技術移轉　要讓全民都受惠

目前張、曾二人已幫該機器申請台灣、美國、泰國和中國的專利，目前有台灣和中國的企業與他們接觸，惟兩人最希望把

技術移轉政府，由政府推動，讓全台人民都能受惠。

讓廢油、廢棄物轉化成可以再燃燒的生質柴油，在歐美國家很早就已經普遍化，林成原教授即曾研發讓家中回鍋油轉換成具有更多用途的「生質柴油」。林成原表示，這種透過天然動植物油脂提煉出來的生質柴油，環保且較不具污染，確實是一舉兩得的環保研發。

資料來源：《自由時報》，2008.2.12（記者陳鳳麗、黃以敬）。

工業廢水充燃料　節能14%

成大環工系教授李文智率成大綠色能源研發團隊，將含油的工業廢水添入重油內，研發出節能、省碳的「乳化重油」燃料；鍋爐燃燒改用乳化重油，與百分之百以重油為燃料相比，節能14%，也替機械、石化、化學、食品等業解決工業廢水問題。研發成果，於今年二月刊登於國際期刊《環境科學與技術》（ES&T）。

全台可年省三百億元

李文智表示，團隊研發的乳化重油，成分為80%重油、19.9%含油工業廢水、0.1%乳化劑，經化學工廠試用，與業者過去百分之百使用重油燃燒的鍋爐相比，節能14%；全台灣工業界一年花三千億元買重油，若全改用成大研發的乳化重油，扣除設備費用、乳化劑等成本，還有10%的利潤，一年至少省三百億元。

李文智透露，該化學工廠近期將建第三座鍋爐，決定採用

乳化重油為燃料，所需相關設備約五十萬元，但業者過去每月重油耗費五百萬元，以節能10%計算，採用乳化重油後每月可省五十萬元，一年節省六百萬元。

李文智說，乳化重油不僅節能、節碳，也解決了含油工業廢水、排放等問題。工廠的含油工業廢水，經初步油水分離，剩餘含油的水可直接用於製造乳化重油，工業廢水不必排放，省下每噸六千至一萬元的處理費。

李文智表示，以工業廢水製成的乳化重油，穩定性高，水、油不易分層，乳化劑用量降低，又省一筆費用，大致而言，含油工業廢水都可製作乳化重油，但不可以含雜質及腐蝕性化學物質。

資料來源：《自由時報》，2008.8.7，A9版（記者孟慶慈）。

特製大腸桿菌　可煉生質燃料

台灣旅美學者廖俊智所屬的研究團隊，最近在美國《國家科學院院刊》（PNAS）上發表由大腸桿菌製造高效生質燃料的新方法，為生質能增加一種可靠的原料來源。

基改產製8碳原子長鏈酒精

廖俊智任教於加州大學洛杉磯分校（UCLA），UCLA與路易斯安那州立大學合作，以基因改造方式，讓常見的大腸桿菌得以生產多達八個碳原子的長鏈酒精（long chain alcohol）。

與其他生質能原料相比，廖俊智說，長鏈酒精有多種好處，包括每加侖的能量更高、不會侵蝕引擎，與噴射機燃料或柴

油的相容性也更高。另外，長鏈酒精與水分離的過程也更簡單，更適合製造生質燃料。

美國GEVO能源公司購專利

未來加油站、汽車引擎或是其他使用生質能源的硬體，都不用再大規模改造，就能直接適用生質能源，這項技術已由美國GEVO能源公司購買專利。

台灣大學生命科學系助理教授阮雪芬去年八月到今年二月期間，曾經赴美加入廖俊智在美國的實驗團隊。阮雪芬指出，廖俊智的研究團隊選擇以大腸桿菌進行實驗，「最大優勢是因為大腸桿菌生長得很快，人類平均二十幾年才能生長出一代，大腸桿菌只要二十幾分鐘就能生出一個世代」。

廖俊智改造成長快速的大腸桿菌製成生質能源，還能合成出包含八個碳原子的長鏈酒精，發想與技術都十分難得。

是最接近汽油的生質能源

阮雪芬表示，廖俊智這次研發出來的合成酒精，是目前最接近汽油的生質能源，並且具有「疏水」特質，因為不容易吸收空氣中的水分，所以不易侵蝕引擎。

天然長鏈酒精唯一缺點，在於碳原子數有限，燃燒效能不易提高。國內常見的酒精汽油，配攙的乙醇僅含有兩個碳原子，而天然長鏈酒精也只有不到五個碳原子。

但利用基因改造，大腸桿菌生產的長鏈酒精卻可突破限制，碳原子含量大幅提高，未來可能成為高效長鏈酒精的穩定來源。這也是研究人員首度以人工方式合成長鏈酒精。

資料來源：《自由時報》，2008.12.10，A5版（編譯胡立宗、記者林嘉琪）。

美能源公司宣稱海藻煉油　可取代石油

　　美國《洛杉磯時報》二十九日報導,加州聖地牙哥的「藍寶石能源」公司宣稱,他們能從海藻提煉出一種沒有其他生質燃料缺點的綠色原油。

綠色原油成分與輕原油相同

　　這家募集五千萬美元,成立時間僅有一年的公司,利用能行使光合作用的微有機體、陽光、二氧化碳與不宜飲用的水製造出「綠色原油」,第一種選定的微藻有機體就是海藻,並聲稱綠色原油化學成分與目前一桶超過一百三十美元的輕原油相同。該公司首席執行長派爾說,他們的綠色原油能在現行的煉油廠提煉,然後生產出能讓現行汽、卡車使用的燃料,一切就跟目前高污染的汽、柴油一樣。

　　派爾宣稱他們的綠色原油是石油業界的一大典範變革,有助於降低美國對進口原油的依賴,同時舒緩國際間對石油供應緊縮的憂慮。派爾還說,綠色原油的製造過程還有助於去除大氣層中的有害排放氣體。此外,綠色原油煉油過程所生產的污染物較少,使用這種石油的汽車排氣管所排放的有害廢氣也比較少。

預計三年內推出,五年內上市

　　藍寶石能源公司不願透露綠色原油的製造細節與地點,僅稱希望能在三年內正式對外推出,以及在五年內全面上市。派爾不願為每桶綠色原油定價,但預料價格應該跟目前從深海油床與油砂鑽油一樣具有競爭力。此外,該公司已製造出航空燃料版、

柴油版與高級石油版的綠色原油。

目前的生質燃料（在美國爲生物柴油和玉米提煉出的乙醇）已開始取代石油，然其諸多缺點，如玉米乙醇與大豆生物柴油瓜分原本用來種植糧食穀物的田地、生質燃料的製造與分銷過程反而得消耗更多能源等，大大降低生質燃料的優勢。許多公司開始轉而利用如柳枝稷、工廠廢棄物與回收紙等非食物來源製造乙醇，至於利用海藻製造石油並非新構想，但外界的興趣與研究始終居高不墜，網路上甚至還有專門討論該議題的網站。

藍寶石能源的綠色原油令美國「關懷科學家聯盟」的運輸工具分析師安艾爾大受鼓舞，認爲就溫室氣體排放的角度而言，綠色原油好處多多，但就算綠色原油不含氮，燃料燃燒時與空氣作用仍會產生有害的二氧化氮。提供藍寶石能源公司研究經費的創投公司Arch Venture Partners的管理夥伴尼爾森則直言，想取代現行石油系統並非易事。

資料來源：《自由時報》，2008.5.30，A8版（編譯張沛元）。

造林減碳眞相

■ 陳信雄

有關森林與碳素的關係，在一般的觀念上與專門的認知之間，向來有不少的差異。

在碳素循環中，認爲「有良好的森林，即能迅速的吸收二氧化碳」，如果有人提出反論，常廣遭撻伐。但是，討論森林大量吸收二氧化碳時，應必須同時考慮，植物在呼吸時亦會排放二

氧化碳。不僅是生長中樹木的幹、枝條、葉與根的呼吸，甚至落葉或倒木，經由微生物的分解，最後還是排放二氧化碳至大氣中，此稱爲「土壤呼吸」。

　　在土壤中儲存的有機物，是隨著儲存量的多寡而排放二氧化碳；充分生長的森林，樹木只是在行光合作用時吸收二氧化碳；但是因爲森林必定會產生落葉或倒木，有機物遷移至土壤中，土壤配合增加的有機物量，排放二氧化碳於大氣中，因而達到平衡狀態。可以說，考量從土壤排放的二氧化碳這一現象，充分生長且達安定狀態的森林，並不至於繼續吸收大量的二氧化碳。

　　此外，土壤中有機物的分解非常緩慢，若以「泥碳」等型態蓄積時，可配合蓄積所增加之量，吸收二氧化碳。在有機物含量少的崩塌地上，重新造林時，因森林尚在成長中，且土壤的有機物在增加期間，森林對二氧化碳的吸收能力，可以說很大。之後，長期良好撫育下的森林，以光合作用吸收的二氧化碳量確實很多，相對的是其排放量亦多，兩者相抵銷，二氧化碳的吸收量並不大。

　　以上有關森林對二氧化碳關係的問題，皆涉及流動與蓄積的評估，甚至對生物多樣性認知，必須加入「碳素收支」的概念；在廣泛考量森林在二氧化碳的循環中的效應，我們實不能輕言「森林能大量吸收二氧化碳」。至於大面積造林或在崩塌地造林，至少在其三十年的成長過程中，也未必能吸收大量的二氧化碳。

　　因此，爲了確定造林的減碳功能，今後更必須確立定量上的評估，並有賴於研發高精密度的測計方法，或者在物理與植物

生質能源利用科學
Science and Technology of Biomass

生理學上的模式化，是為今後繼續研究的重要課題。

　　資料來源：《自由時報》，2008.4.9，A8版（作者為台大森林系教授）。

生質柴油與政治正確

■ 梁渡

　　在世界地球日的當天，未來馬政府的農委會主委卻公開宣示台灣將停止推廣生質作物，因為農地只應該用來種糧食，這種說詞格外令人感到錯愕。

　　台灣的糧食自給率差不多為30%，這是飲食習慣的改變所使然，但從來不曾有糧荒的危機。然而，台灣對進口能源的依賴則超過90%以上，要不要生質能源並不是單純的農業問題，而是產業發展、生態保護與國家安全的重要課題，更不是農地只能種糧食，這種見樹不見林的本位主義所能片面裁決。

　　二〇〇五年六月所舉行的「全國能源會議」，明訂台灣的能源結構配比於二〇二〇年再生能源要達到4至6%，於二〇一〇年酒精汽油的產量要先達到一百萬到三百萬公秉、生質柴油一百萬公秉，這些目標難道是農委會主委一個人就可以全盤推翻的嗎？

　　面對國際油價持續的高漲，以及愈來愈激烈的油源爭奪，自有能源比例的提高是台灣必須及早因應的挑戰與考驗。過去幾年台灣對生質能源的推廣才剛起步，相關生質作物生長的情況不是很理想，但這是技術問題而不是政策問題。即將上任的農委會主委表示未來將全面推廣飼料用玉米的種植，但反對用玉米或其

他生質作物去製造生質柴油，這難道不是明顯的矛盾？也有人說目前生質柴油的成本是石化柴油的兩倍多，台灣沒有條件也沒有市場發展生質柴油。但試問一年以前國際原油一桶多少錢，現在又是多少錢。再說，只含5％生質柴油的柴油與一般石化柴油兩者成本的差距並沒有想像來得大，重點在有沒有心去做而已。台灣要不要繼續發展生質柴油，技術與成本不是問題，政治正確才是關鍵。

扁政府支持發展生質能源，馬團隊斥為趕時髦、搶流行，全盤予以否定：扁政府不鼓勵台灣水果銷去中國，馬團隊卻把它捧成台灣農業的救命仙丹，這就是政治正確。去年台灣出口一億但進口五億美金的水果，顯示台灣除少數頂級水果有國際競爭力外，一般水果要外銷，除非有特別的政治安排，刻意製造假性的需求，不然根本是痴人說夢話。

農為國本，國民黨卻執意要把台灣農業的發展寄望於中國的市場，這種敵我不分，甚至有奶便是娘的錯誤心態，隨著三二二的勝選已經膨脹到令人匪夷所思的地步。我們誠摯的希望未來能有一位真正立足台灣、關心農民的農委會主委，而不是一位只會揣摩上意、力求政治正確的啦啦隊主委。

資料來源：《自由時報》，2008.4.28（作者為公教人員）。

綠色產品夯 加水變燃料 比瓦斯省2／3

因應地球暖化趨勢，正在台北世貿一館舉行的「二○○八台北國際綠色產業展」，就有各種充滿實驗精神的綠色產品，尤其以「能寶機」與一座杵在路旁的涼亭更是備受注目。

這座涼亭是台大機械系與正宜興業今年最新開發的自來水涼亭，台大機械系博士班研究生黃翔聖表示，埋在地底水管的自來水溫度就只有二十到二十二度，如果改變水管設置路線，再加上風扇吹，不僅能有效降低室內溫度，也不必使用冷氣機。

　　由大捷能量科技經過廿年開發的新式水基燃料設備「能寶機」，僅用水為基礎原料，加上該公司自行開發的複合燃料，經過空氣幫浦與轉化槽，點火後就會成為可燃氣體。

　　大捷負責人鍾國政自豪表示，能寶機使用的複合燃料成本只有瓦斯的三分之一，無毒、無爆炸、無污染，且所需的電力約只有四十瓦，若每天使用三小時，一個月的電費才十元左右。

　　此外，該公司也推出自體發電機，只要以電瓶啟動，發電機產生的電不僅能供應電器，也能回充電瓶，使電瓶永遠飽滿。

　　過去許多電動車因電池效能過低，需動輒裝上幾十公斤的電池，而且電池沒電後還得將它抱上好幾層樓的家中慢慢充電。大捷開發的五百瓦自體發電機僅有兩公斤，又沒有缺電問題，工作人員宣示，如果Toyota的續航力有一百公里，「我們的一千公里是可以期待的！」

　　　　資料來源：《自由時報》，2008.7.26，A12版（記者王萱儀）。

造林與糧荒──「綠海」下的危機

■雷貝卡

　　報載行政院已通過農委會所提出的「綠海計畫」，預計五年內投入新台幣七十一億元在平地造林二萬公頃，主要鼓勵休耕

農地造林，每公頃每年平均補貼九萬元，期限二十年，希望藉植樹來減少二氧化碳排放量。而未來的馬英九總統更在其愛台十二項建設之「綠色造林VS.建設森林遊樂區」中，將造林計畫加碼到「八年內在平地造林六萬公頃，每公頃每年補助十二萬元」。

　　檢視以上的造林計畫，尤其是農地造林的部分，筆者以為有很大的檢討空間。首先，單靠平地造林，要解決台灣的人均二氧化碳排放量偏高的問題（根據二〇〇七年的資料，台灣排名全球第十八），無異是杯水車薪，「綠海計畫」能夠減少的二氧化碳量，甚至抵銷不了建設森林遊樂區帶來的交通排放量。尤其是政府若繼續推動如八輕大煉鋼廠等高耗能低產值的產業，未來就算將全部的休耕農地造林也不夠。

　　此外，農地造林後若要恢復農作物耕種使用，花費的成本很高，因為林木的根系深入土層，會破壞農田之保水能力，日後若欲清除樹根回復栽種作物，將十分困難。

　　近日因為氣候變遷、中國和印度等人口大國對糧食的需求遽增，和生質能源作物的壓力等原因，發生全球糧荒事件，在過去三年，小麥、稻米和玉米等作物的價格都持續上漲，而使得全球整體食品價格升高83%。

　　根據報載，今年以來，因為糧食供應及售價引發的動亂已在巴基斯坦、印尼、幾內亞、茅利塔尼亞、墨西哥、塞內加爾等數個國家發生，海地政府甚至因為糧食危機而垮台。此外，依據媒體報導，全球幾個主要稻米生產國，例如柬埔寨、越南、印度等等，紛紛宣布限制稻米出口量。

　　糧食作物之所以有別於一般農作物，在於其與常民的生活安定性有密切關係，並且具有戰略安全的成分，根據農委會二

○○六年的報告，目前台灣以價格爲權數之綜合糧食自給率爲74.4%，其中穀類44.5%（其中稻米佔95.5%），將近四分之一的糧食仰賴進口，一旦全球糧食供給出問題，大眾的生活就得承受莫大的風險，目前農委會把大部分的農業補貼，用於休耕補助上面，加上近年來大量的農地變更爲建地或工業用地，農地污染的事件頻傳，而今又通過大筆補助於休耕農地造林補貼，倘若未來全球糧食供應更爲吃緊，國內因爲氣候變遷造成的旱澇不均或種種天災因素，不能及時復耕生產的可能性極高，如前所述，農地一經造林要恢復糧食作物生產可說是非常困難，而二十一世紀台灣發生飢荒的可能性將不是天方夜譚。

資料來源：《自由時報》，2008.4.28（作者爲林業從業人員）。

生質酒精　環保替代能源

生質酒精是爲了減少對於價格日漸高漲石油的依賴，所生產出的替代能源。第一代的生質酒精是採用澱粉、醣類爲原料，國內已開始在汽油內混和3%的生質酒精，也就是現在最新的E3汽油，但第一代的生質酒精會有爭糧的情況發生。

第二代生質酒精則是以農業廢棄物如稻稈、蔗渣、玉米稈爲原料所生產，每十公斤的稻稈可生產出兩公升生質酒精，不會有爭搶糧食的情況發生，並增加產業附加價值，不過纖維酒精技術門檻高，國際上尚無商業化生產。

資料來源：《自由時報》，2008.2.19，A10版（記者陳英傑）。

日航、波音合作　試飛生質燃料

　　「日本航空」將於明年一月，與美國飛機製造商「波音」以及飛機引擎製造商「普惠」合作，進行波音飛機的生質燃料試驗飛行。這是全球第四例，也是亞洲首例的生質燃料試驗飛行。

　　為避免生質燃料與人類「爭食」疑慮，日本明年試飛所採用的生質燃料以非食用性植物製成，試飛成功的經驗可望促進世人對生質燃料的理解，也能鼓舞更多航空公司跟進。

　　日本航空表示，生質燃料的試驗飛行將於明年一月三十日進行，預計會有一架波音747-300型客機，從羽田機場起飛，來回八丈島海域，飛行時間預估約一個小時。試飛燃料是利用一半生質燃料，加入一半傳統客機燃料混合而成。

　　生質燃料部分為非食用性的「第二代生質燃料」，原料包括84%的亞麻薺 （Camelina）、15%的痲瘋樹，還有1%的藻類。試飛時，混合生質燃料將供應客機四具引擎的其中一具運轉之用。

資料來源：《自由時報》，2008.12.20（編譯鄭曉蘭）。

核融合　打造新能源　美研發人工太陽發電

實現愛因斯坦百年前夢想？

　　英國《每日電訊報》報導，美國「國家點燃機構」（NIF）的核融合實驗已進入最後倒數；如果明年春天的實驗成功，可將

核融合研究往前推進一大步，未來以「人工太陽」供應電力或許將不再是夢想。

1公克氫燃料可生成龐大能量

自從愛因斯坦在一九〇五年提出質能轉換公式「E=mc²」後，科學家就一直希望用非常少量的物質創造出核融合反應，太陽等恆星的光熱能即是由核融合所產生。根據愛因斯坦的理論，鎖於一公克物質裡的能量，足以讓二萬八千五百顆一百瓦燈泡用一年。但「複製」太陽的實驗一直無法突破。

已經進行十一年、耗資十二億英鎊（約台幣五百八十億的）NIF核融合計畫，已進入最後準備階段。科學家表示，他們將利用高能雷射，傳送相當於全美發電量一千倍的能量，在十億分之一秒內，以攝氏一億度的高溫「點燃」一公克的氫燃料；如果順利引發核融合反應，輸出能量將十倍於點火能量。

不過，就算實驗成功，離商業應用還有一大段路。科學家估計要用於電力供應，必須能一秒引發十次核融合；但NIF現在只能每五小時引發一次核融合，英國「高能雷射研究」計畫就算成功，也只能兩三分鐘引發一次。但NIF所長摩希斯說，核融合是地球所有能量的源頭，實驗目的就是充分利用太陽能；除物理學上意義重大，還能幫忙解決全球問題。

學者：核能是台灣必要選擇

台灣99.3%的能源仰賴進口，今年行院科技顧問會議做出結論就強調，「低碳能源」的核能是台灣必要的選擇，生質燃料、風力、光電能等替代能源都有專人開發。

原子能委員會核能研究所副所長邱太銘表示，美國總統當

選人歐巴馬特定欽點華裔科學家、諾貝爾物理學獎得主朱棣文出任能源部部長，就是仰賴他開發纖維酒精的專長。

「生質能被視爲綠色明星產業，但執行時也可能大量使用化肥栽種生質作物，破壞生態，或造成食物不足、糧價飆漲等危機。」邱太銘分析，歐盟近年來對生質燃料發展趨向保守，二〇二〇年時的發電目標約佔10%。

「台灣半導體技術優異，太陽電池產量佔世界第四名。」邱太銘分析，台灣屬於海島型環境條件，適合發展太陽光電與風力技術。不過台灣遇到夏季風少的限制，應該要同時研發「電力儲存系統」，把晚間與冬季的風力適當分配，才能提高用電效率。

資料來源：《自由時報》，2008.12.30，A12版（編譯胡立宗、記者林嘉琪）。

竹子變能源　日研發成功

由於看好生物乙醇取代石油作爲替代能源的前景可期，各國都積極投入相關研究，日本靜岡大學研究團隊宣布，他們已成功研發出以極高效率讓竹子變身爲乙醇的技術。與傳統的甘蔗或玉米等生物乙醇原料不同，竹子製成的生物乙醇不會有「與人爭食」的疑慮，而且竹子成長快速，在全新技術輔助下，預料將成爲生物乙醇原料的明日之星。

日本《每日新聞》報導，利用竹子製作生物乙醇，必須先將纖維質的主要成分——纖維素轉換成葡萄糖，並加以醱酵。但纖維素很難分解，由中崎清彥所率領的靜岡研究小組，起初也只能完成2%的葡萄糖轉換率。

中崎研究團隊後來研發出新技術，能將竹子磨成50微米（一微米為百萬分之一公尺）的超細粉末，大小只有傳統技術所能達成的十分之一。緊接著，再以雷射去除細胞壁所含的高分子木質素，並選用具分解效率的微生物，成功讓糖化率達到75%。

資料來源：《自由時報》，2008.12.22（編譯鄭曉蘭）。

艾克森美孚研發藻類生質燃料

美國石油業巨擘「艾克森美孚」（Exxon Mobile）十四日宣布，將投資六億美元（約台幣兩百億元）研發藻類生質燃料（algal biofuel）。這項計畫由集團旗下的「艾克森美孚研究工程公司」（EMRE）與「合成基因體學公司」（Synthetic Genomics Inc.，簡稱SGI）合作，初期經費三億美元，日後再視工作進度逐步提撥。

SGI雖然規模不大，但創辦人兼執行長文特（J. Craig Venter）在生物科技界大名鼎鼎，是二〇〇〇年六月人類基因體定序草圖完成的頭號功臣之一。SGI將全力開發運用微藻（microalgae）、藍綠藻（cyanobacteria）等藻類，一方面產製運輸用燃油，一方面在光合作用過程中吸收大量二氧化碳，對於減緩全球暖化效應，可謂一舉兩得。

美國總統歐巴馬大力推廣生質燃料與再生能源。目前美國液態燃料的供應只有9%來自生質燃料，絕大部分是玉米產製的生質汽油。國會已立法要求能源工業在二〇二二年之前，將生質燃料年產量提升至三百六十億桶。

與其他生質燃料的作物相比，藻類擁有多項優勢。根據SGI

與EMRE的資料，以種植每一英畝的燃料年產量來估算，棕櫚、甘蔗、玉米、黃豆分別為六五○、四五○、二五○、五○加侖；藻類則高達兩千加侖，遠超過四種作物的總和。

資料來源：《中國時報》，2009.7.15，A12版（編譯閻紀宇）。

電動車時代即將來臨！

在全球油源日漸枯竭與節能減碳呼聲高漲的今天，真正能達到零油耗、零污染的終極解決之道非電動車莫屬。汽柴油內燃機不論如何提高效能，或是油電混合Hybrid車款，都是必須消耗石化燃料的，而且不管再怎麼降低污染，還是離真正的零排放有一段距離。

那麼為什麼大家還在搞高效能引擎，或是Hybrid油電混合呢？因為電動車距離真正的實用還有很多技術有待突破，像是插電式電動車的充電效率與續航距離，氫燃料電池的液態氫製造、儲存與運送問題等，都不是在短期間可以完全克服的。

儘管如此，各大車廠還是不斷創新研發，一點一滴使電動車的日常實用性提升，像是挪威的THINK City微型電動車、三菱IMIEV電動車與Tesla Rosdster電動敞篷超跑皆已正式量產上市，BMW集團旗下的MINI E電動車全球已有六百輛實際上路測試，日產也剛剛宣布Leaf電動車的量產上市計畫，紛紛揭示純電動車的紀元即將到來。

接下來九月中全球規模最大的德國IAA車展，各大車廠還會有許多更趨近市售實用水準的電動概念車亮相，且讓大家拭目以待。

資料來源：《自由時報》，2009.7.20（記者方維鐸）。

參考文獻

李錦楓，《幾丁質‧幾丁聚醣與健康》，2000年，高雄縣：應化企業有限
　　公司。

兔束保之，《生質能源利用科學》，2004年，日本。

浦木康先，《化學と生物》，41卷12號，2003年，p.784，日本。

小原仁實等，《生物工學》，79卷5號，2001年，p.142，日本。

小原仁實，*Bioscience & Industry*，52卷8號，1994年，p.642。

川島保之、味原正伸，《食品と科學》，11卷，1905年，p.9，東京。

淺岡宏，紙の物語編輯委員會編，《紙の物語》，1985年，p.54，東京：
　　技報堂。

大野一月，〈竹與木材的纖維長度與纖維比（長度與寬度之比率）〉，
　　《日本農藝化學會誌》，70卷4號，1996年，p.469，東京。

《朝日新聞晚報》，〈日本的漁獲量（含養殖者）的生產量與變遷〉，
　　2002.11.28，東京。

《朝日新聞晚報》，〈真鰯魚的漁獲量與阿留申（Aleutian）低氣壓、海
　　流的關係〉，2003.10.27，東京。

キチン、キトサン研究會，最後のバイオマス，キチン、キトサン，
　　1988.2.30，技報堂，東京。

NEO 系列 14

生質能源利用科學

原　　著／兔束保之
編輯協助／中澤勇二
編　　譯／李錦楓、林志芳、李華楓
編譯監修／鄭水淋
出 版 者／揚智文化事業股份有限公司
發 行 人／葉忠賢
總 編 輯／閻富萍
地　　址／新北市深坑區北深路三段 260 號 8 樓
電　　話／(02)8662-6826
傳　　真／(02)2664-7633
網　　址／http://www.ycrc.com.tw
 E-mail ／service@ycrc.com.tw
印　　刷／鼎易印刷事業股份有限公司
 ISBN ／978-957-818-995-9
初版一刷／2011 年 5 月
定　　價／新台幣 250 元

國家圖書館出版品預行編目資料

生質能源利用科學 / 兔束保之原著；李錦楓,
林志芳, 李華楓編譯. -- 初版. -- 新北市：
揚智文化, 2011.05
　　面；　公分. --（NEO 系列；14）

ISBN 978-957-818-995-9（平裝）

1.能源開發　2.能源技術　3.環境保護

400.15　　　　　　　　　　　　100005268